W0074922

MARIANNE WELLERSHOFF ist Journalistin, Autorin und Musikerin. Sie hat ein Studium der Psychologie abgeschlossen, mehrere Bücher geschrieben und arbeitet als Autorin beim SPIEGEL. Wellershoff beschäftigt sich mit Themen aus Wissenschaft, Kultur und Gesellschaft und ist Blattmacherin der Magazine SPIEGEL WISSEN und SPIEGEL COACHING.

Außerdem von Marianne Wellershoff lieferbar:

Ich fühl mich wohl – Ziele erreichen, Gewicht halten, mehr bewegen
Ich kenne mich – Emotionen verstehen, Kindheit entschlüsseln, Menschenkenntnis verbessern
Ich schaff das schon – Krisen überwinden, Stress reduzieren, zu Hause wohlfühlen

Marianne Wellershoff (Hg.)

Ich komm weiter im Job

STÄRKEN ERKENNEN, BLOCKADEN LÖSEN, VERÄNDERUNGEN MEISTERN

3 Selbsttests und Trainingsprogramme
für ein erfolgreicheres Berufsleben –
mein Coaching

**Die Texte dieses Buches wurden neu zusammengestellt
und sind bereits im Magazin**
*So geht's mir gut im Job. Sechs Trainingsprogramme
für ein zufriedenes Leben* **(02/2021) aus der Reihe
SPIEGEL COACHING erschienen.**

Sollte diese Publikation Links auf Webseiten Dritter enthalten,
so übernehmen wir für deren Inhalte keine Haftung,
da wir uns diese nicht zu eigen machen, sondern lediglich
auf deren Stand zum Zeitpunkt der Erstveröffentlichung verweisen.

Penguin Random House Verlagsgruppe FSC® N001967

1. Auflage 2022
Copyright © 2022 by Penguin Verlag, München
in der Penguin Random House Verlagsgruppe GmbH,
Neumarkter Straße 28, 81673 München
und SPIEGEL-Verlag Rudolf Augstein GmbH, Hamburg,
Ericusspitze 1, 20457 Hamburg
Umschlaggestaltung: Favoritbuero, München
Umschlagabbildung: Shutterstock
Satz: Satzwerk Huber, Germering
Druck und Bindung: CPI books GmbH, Leck
Printed in Germany
ISBN 978-3-328-10882-5
www.penguin-verlag.de

Inhalt

Vorwort 9

**KAPITEL 1
STÄRKEN ERKENNEN** 11

Funkenflug des Geistes 13
Kreativität steckt in uns allen.
Wir müssen sie nur entdecken

»Lasst eure Mädchen von Schaukeln fallen!« . . 25
Mut bedeutet, die Angst vor dem Scheitern
zu verlieren

Check 30
Bin ich blind?

Coaching 47
Potenziale entdecken

Buchempfehlungen 67
Zum Weiterlesen

KAPITEL 2
BLOCKADEN LÖSEN   69

Aus Fehlern lernen   71
Misserfolge sind kein Grund zur Scham,
sondern Motivation, es besser zu machen

**»Nur wer nichts macht,
macht auch nichts falsch«**   76
Wie wir souverän mit Fehlern umgehen

Mein Erfolg ist doch nur Zufall?   80
Gerade Talentierte fühlen sich oft als
Hochstapler – wieso eigentlich?

Check   85
Der Feind an meinem Schreibtisch

Coaching   105
Hindernisse abbauen

Buchempfehlungen   132
Zum Weiterlesen

KAPITEL 3
VERÄNDERUNGEN MEISTERN   135

Luft nach oben   137
Sich verändern und verbessern, das kann
man in jedem Alter. Wichtig ist, die eigenen
Werte und Sehnsüchte zu kennen

»Du, geh mir nicht ein!«. 147
Zwei Todesfälle, zwei Entlassungen und eine
Pandemie: wie eine Buchhändlerin sich
trotzdem den Traum vom eigenen Laden erfüllte

Check 155
Sind Sie ein Verwandlungskünstler?

Coaching 175
Flexibel bleiben

Buchempfehlungen 200
Zum Weiterlesen

ANHANG. 203

Beratende Expertinnen und Experten 205
Über die Autorinnen der Checks und
Coachings 207

Vorwort

»Arbeit ist das halbe Leben«, sagt der Volksmund – und er hat nicht unrecht. Für viele Menschen ist der Arbeitsplatz der Ort, an dem sie einen Großteil ihres Tages verbringen, an dem sie soziale Kontakte pflegen, sich mit Ideen oder mit ihren Händen einbringen und an dem sie aus ihren Erfolgen auch Selbstwert ziehen.

Daher ist es so wichtig, dass wir dieses halbe Leben gut gestalten. Das eigene Können einsetzen, die eigenen Talente und Stärken weiterentwickeln, angemessen Geld verdienen, Sinnvolles tun und Bestätigung finden – das ist keine unrealistische oder überzogene Wunschliste, sondern es sind wichtige und richtige Ziele fürs Berufsleben.

Doch nicht immer klappt das optimal, zum Beispiel, weil wir nicht so genau wissen, was wir verändern können und wie. Nicht immer haben wir genug Vertrauen in unsere Fähigkeiten. Und manchmal verdecken die aktuellen Hindernisse im Joballtag den Blick aufs Ganze.

Drei Trainingsprogramme in diesem Band *Ich komm weiter im Job* helfen Ihnen, die Anforderungen im Beruf mit Ihren Bedürfnissen und Zielen in Einklang zu bringen: Sie lernen Ihre Stärken kennen, Sie erfahren, wo Sie sich selbst im Weg stehen und wie Sie diese Blockaden lösen können, und Sie finden Unterstützung dabei, Veränderungen zu meistern. Zu jedem Trainingsprogramm gehört ein Check, der Ihnen hilft, sich besser einzuschätzen. Erstellt wurden die Coachings von den beiden Psychologinnen Anne Otto und Marianne Wellershoff in Zusammenarbeit mit erfahrenen Trainerinnen und Therapeuten.

Nehmen Sie sich die Zeit für sich selbst, um sich ganz in Ruhe mit den Trainingsprogrammen zu beschäftigen. Es lohnt sich!

Tipp: Besorgen Sie sich ein Notizbuch und führen Sie ein Journal zu den Coachings, in dem Sie Ihre Gedanken und Vorhaben festhalten. Dann können Sie auch immer wieder mal zurückblättern.

KAPITEL 1

Stärken erkennen

Funkenflug des Geistes

Kreativität ist ein Motor der Menschheitsgeschichte.
Aber wo kommt das Neue her?

Von Marianne Wellershoff

Was alles kann man mit einem Ziegelstein machen? Denken Sie mal eine Minute darüber nach, und schreiben Sie eine Liste auf ein Blatt Papier.

Und? Also, man kann mit einem Ziegelstein eine Mauer bauen, man kann ihn als Briefbeschwerer benutzen oder als Buchstütze, man kann ihn im Ofen aufheizen und das Bett damit anwärmen, man kann ihn Menschen, auf die man sauer ist, an den Kopf werfen, man kann ihn in kleine Stücke zertrümmern und als Drainage in Blumentöpfen verwenden, man kann ihn in eine Pfütze stellen und Wasser aufsaugen, man kann ihn, falls das scharfe Paprikagewürz ausgegangen ist, pulverisieren, übers Brathähnchen streuen und es den Gästen als Stoned Chicken servieren.

Das sind acht Möglichkeiten, und sicherlich gibt es acht Millionen weitere – aber die Frage, um die es hier geht, lautet: Welche dieser Vorschläge sind sehr kreativ? Oder wenigstens ein bisschen? Eine Mauer mit einem Ziegelstein zu bauen ist es jedenfalls nicht, denn auf diese Idee sind die Menschen vor Jahrtausenden gekommen, und schon immer schlagen Menschen mit allem aufeinander ein, was ihnen in die Hände kommt.

Den Ziegelstein als Briefbeschwerer zu benutzen ist kreativ, wenn man das noch nie zuvor gesehen hat. Ihn als Buchstütze zu verwenden ist aber im Prinzip die gleiche Idee – und daher nicht mehr kreativ. Heiße Steine im Bett sind ein Klassiker, in puncto Kreativität also ein Ausfall. Dasselbe gilt für die Ziegelsteinschicht im Blumentopf und den Ziegel in der Pfütze, beides Verwendungen, die nach dem Schwammprinzip funktionieren und längst in der Hydrokultur verbreitet sind.

Und was ist mit dem Stoned Chicken? Gemahlenen Ziegelstein übers Hähnchen zu verteilen ist fraglos ein ungewöhnlicher Einfall, aber wer ihn ausprobiert, wird zwei Dinge lernen: Erstens müssen die Gäste anschließend zum Zahnarzt; und zweitens ist nicht alles, was originell ist, auch kreativ.

Die Ziegelstein-Frage ist einer der ältesten Kreativitätstests in der psychologischen Forschung. Er wurde entwickelt, nachdem der Präsident der American Psychological Association, Joy Paul Guilford, im Jahr 1950 seine Kollegen aufgefordert hatte, sich endlich der Kreativität zu widmen und sie systematisch zu erforschen. Jahrhundertelang hatte man Kreativität für das Ergebnis eines Geistesblitzes gehalten – und es bei dieser Erklärung belassen. Doch auch als Ende des 19. Jahrhunderts die naturwissenschaftliche Psychologie Fahrt aufnahm, blieb Kreativität ein Randthema.

Als Guilford seine Erweckungsrede hielt, beschäftigten sich weniger als 0,2 Prozent der psychologischen Forschung mit Kreativität. Warum? Vermutlich, weil sie so schwer zu definieren und zu messen ist, und wohl auch, weil sie uns so fasziniert wie einschüchtert: Die meisten Menschen bewundern kreative Leistungen und wären gern selbst geniale Schöpfer. Kreativität wird – bis heute – mystifiziert.

Und wenn sich doch jemand an die Erforschung der Kreativität gewagt hatte, dann ging es meist um Einzelfallanalysen mit der Frage, was eine kreative Person ausmacht: Welchen IQ hatten Johann Wolfgang von Goethe und Martin Luther (210 und 170)? Sind Genies zwangsläufig psychisch krank (wie beispielsweise der labile Maler Vincent van Gogh, der depressive Komponist Robert Schumann oder der schizophrene Mathematiker John Nash)?

66 Jahre nach Guilfords Statement gibt es viele psychologische Kreativitätstheorien und sehr, sehr viele Experimente und Studien. Mal stehen kognitive Fähigkeiten im Fokus, etwa zur Problemlösung, mal geht es um Talent, um Nonkonformismus oder um die Bedeutung der rechten Hirnhälfte, die bei kreativen Prozessen besonders aktiv ist.

Mittlerweile ist die Kategorisierung von Kreativität ein beliebtes Thema: Sie wird eingeteilt in bahnbrechende Ideen (»Big C«) einerseits und in Alltagskreativität (»Little C«) andererseits, wie etwa beim aus Not – der Kühlschrank war leer – entwickelten Muffinteig ohne Ei.

Auch der Geistesblitz wird erforscht, und es hat sich gezeigt, dass er in Wahrheit kein Himmelseinschlag ist, sondern Resultat einer langen, intensiven Beschäftigung mit einem Problem. Das gilt auch dann, wenn man die Lösung schließlich träumt, wie Elias Howe, ein Pionier der Nähmaschinentechnik, oder wenn sie das Zufallsresultat eines missglückten Versuchs zu sein scheint, wie die Erfindung eines leicht ablösbaren Klebstoffs, der die Post-its erst möglich machte.

Der Fachbegriff für die Fähigkeit, etwas als Entdeckung überhaupt erst zu erkennen, heißt »Serendipity« – also im Fall der Post-its die Idee, dass der leicht abzulösende Kleber ideal für Sticker aller Art sein könnte.

Eines steht fest: Nichts in unserem Leben wäre so, wie es ist, wenn die Menschheit nicht kreativ wäre. Unsere Geschichte ist die Geschichte des Fortschritts, und der ist undenkbar ohne die Fähigkeit und den Willen des Menschen, noch nie Gedachtes und Geprobtes auszuprobieren – also ohne Kreativität.

Sie gehört zur menschlichen Natur und prägt unser gesamtes Leben. Unser Gehirn wäre vielleicht nie so groß und leistungsfähig geworden, wenn nicht irgendein schlauer Urmensch auf die Idee gekommen wäre, Feuer zu machen und Essen zu kochen, was erstens besser schmeckt als Rohkost und zweitens die Nährstoffe leichter verdaulich macht. Oder mit fiesen Fallen und Waffen Mammuts und andere Tiere zu jagen und sie dann aufzuessen, um so an große Mengen von Protein zu kommen. Wir müssen uns nicht mehr den Rücken kaputt machen, weil die Mesopotamier vor knapp 6000 Jahren das Rad erfunden haben, und wir können die selbst komponierte Melodie von einem elektronischen Schlagzeug begleiten lassen, wenn wir die App Musikmemos öffnen.

Natürlich gibt es auch Dinge, die wären besser nicht erfunden worden, zum Beispiel das Pestizid Glyphosat oder die Atombombe. Kreativität determiniert den Neuigkeitswert, aber nicht den moralischen Wert einer Idee, sie teilt nicht ein in Gut und Böse. Dafür gibt es gesellschaftliche Normen – Gesetze oder Abkommen beispielsweise, die dafür sorgen, dass manches schaurige Produkt eben wieder verboten wird.

Aber ist jeder Mensch kreativ? Hat vielleicht sogar jeder das Potenzial zum Genie? Der selbst ziemlich geniale Maler Pablo Picasso hat gesagt: »Jedes Kind ist ein Künstler – die Schwierigkeit besteht darin, Künstler zu bleiben, wenn man erwachsen wird.« Damit hat er das Ergebnis einer NASA-Studie vorweggenommen, die ergeben hat, dass 98 Prozent der 5-Jährigen »hochgradig kreativ« seien, aber nur 2 Prozent der über 25-Jährigen.

Wie also schafft man es, dieses Potenzial zu retten, anstatt Kindern ihre Schöpfungskraft auszutreiben? Die psychologische Forschung hat gezeigt, dass aus Kindern kreative Erwachsene werden können, wenn sie nach den Prinzipien der Humanistischen Psychologie von Carl Rogers aufwachsen, also wenn Neugier und Erforschungen von Eltern gefördert werden, wenn die Meinung der Kinder wertgeschätzt wird und die Kinder eigene Entscheidungen treffen können. Eltern können für eine anregende Umgebung sorgen, den Kindern Zeit zum Nachdenken geben, Talente wie Musikalität systematisch fördern und dafür sorgen, dass Kinder sich viel Wissen aneignen in den Gebieten, für die sie sich interessieren.

Doch es gibt noch viele weitere Faktoren, die zu Kreativität führen. Einige davon liegen in der Persönlichkeit begründet – derjenigen des Kindes wie später des Erwachsenen. Intelligenz beispielsweise, denn IQ und Kreativität gehören zusammen »wie Eier und Speck«, sagt der Forscher James Kaufman. Außerdem hilft die Fähigkeit, Probleme überhaupt zu erkennen und Dinge mal anders zu sehen, dazu Mut, Nonkonformismus, Offenheit gegenüber Ambivalenzen.

Fallstudien haben gezeigt, dass Menschen, die Außergewöhnliches in Wissenschaft oder Kunst geleistet haben, sich mit diesen Themen schon als Kind beschäftigt hatten. Das bestätigt auch die Regel: Wer mehr Ideen hat, der hat auch mehr gute Ideen. Kreativität ist also nicht nur das Ergebnis von Talent, sondern auch von Arbeit. Weshalb Unternehmen nicht nach talentierten Mitarbeitern suchen sollten, sondern nach talentierten und fleißigen. In einem Satz des Münchner Wort-Artisten Karl Valentin zusammengefasst: »Kunst ist schön, macht aber viel Arbeit.«

Und hier eine gute Nachricht für diejenigen, die ihr verschüttetes kreatives Potenzial ausbuddeln wollen: Die vielen Ratgeber zur Talentförderung Erwachsener haben durchaus ihren Sinn, denn Talent kann in jedem Alter entdeckt und gefördert werden. Der irischstämmige Lehrer Frank McCourt schrieb erst nach seiner Pensionierung die eindrucksvolle Autobiografie *Die Asche meiner Mutter*, die 1996 zum internationalen Bestseller wurde.

Allerdings geht es nicht ohne Ausdauer und Geduld, denn es gilt das »Zehn-Jahres-Gesetz«: Zwischen dem ersten Entdecken von Mathematik, Musik oder Biologie und der Aneignung von genug Expertise, um etwas Kreatives in dem Feld zu schaffen, liegt eigentlich immer eine Dekade.

Als Sir John Harington 1596 das Wasserklosett für seine Patentante Queen Elizabeth I. und für sich selbst erfand, war die Zeit noch nicht reif für so viel Hygiene – es geriet in Vergessenheit. 1775, knapp 200 Jahre später also, erfand Alexander Cumming das WC noch mal und ließ es patentieren. In den folgenden drei Jahren kamen zwei weitere Klo-Varianten auf den Markt.

An diesen Beispielen sieht man: Es braucht nicht nur eine kreative Person, die in einem kreativen Prozess ein kreatives Produkt entwickelt – auch die Umgebung, der Zeitgeist, die Umstände sind maßgebliche Faktoren. Der US-amerikanische Wirtschaftstheoretiker Richard Florida entwickelte die Theorie der »Creative Class«: Danach ist das Wirtschaftswachstum einer Region oder Stadt davon abhängig, wie viele kreative Köpfe dort leben.

Heute ist das Silicon Valley so ein Hotspot der Kreativität. Im 18. Jahrhundert war es Schottland, wie der Autor Eric Weiner in seinem Buch *The Geography of Genius* belegt. Dort wurde nicht nur das WC erfunden, sondern auch das Leistungsmaß der Pferdestärke, die *Encyclopaedia Britannica* und die künstliche Kühlung. Wenig überrascht, dass es in diesen Zentren der Ideen und Entdeckungen immer eine Universität gibt. Im Silicon Valley an der US-Westküste ist es die Stanford University, auf der anderen Landesseite ist es die Technologiehochschule MIT in Cambridge.

Schottland ist immer noch nicht zu unterschätzen, denn hier lebt auch Johanna Basford, die zarte, liebevolle Fantasiewelten gestaltet, in die anschließend die Fans ihrer Ausmalbücher Farbe bringen. Damit hat Basford nicht nur in den vergangenen Jahren einen Trend, sondern auch eine Bereicherung geschaffen, für beide Seiten. Auch ihr Beispiel zeigt, dass vom Zeitgeist abhängt, was als kreativ empfunden wird und Menschen fasziniert – oder welcher Erwachsene hätte vor zehn Jahren freiwillig Bilder bunt gemalt?

Dem Maler Paul Klee wird das poetische Zitat zugeschrieben: »Eine Linie ist ein Punkt, der spazieren geht.« Kreativität bedeutet demnach nicht nur, etwas zu erfinden, zu entdecken oder etwas Neues zu gestalten. Kreativität bedeutet auch, Dinge neu zu interpretieren und ihnen eine andere Dimension zu geben. Oder Dinge, die scheinbar nicht zusammenpassen, zu etwas Neuem zusammenzufügen.

Der Apple-Mitgründer und Smartphone-Übervater Steve Jobs formulierte es so: »Kreativität heißt, Dinge miteinander zu verbinden«, was der Definition des Wirtschaftstheoretikers Joseph Schumpeter (1883 bis 1950) nahekommt. Jobs hat vermutlich auch Schumpeters Ansicht geteilt, dass Kreativität, die in der Wirtschaft meist »Innovation« genannt wird, nicht aus ökonomischem Eigennutz entsteht – also etwa aus dem Wunsch, immer reicher zu werden –, sondern aus psychologischen Motiven. Nämlich der »Freude am Gestalten«. Obwohl, das muss man dazu sagen, bei Apple praktischerweise Freude am Gestalten und Freude am wachsenden Reichtum zusammenfallen.

Voller Freude, also glücklich zu sein, ist eine der kraftvollsten Motivationen, die Menschen antreibt. Sogar dazu, sich jahrelang zu quälen, in Laboren und Werkstätten, an Schreibtischen, Computern und Klavieren, vor Staffeleien, bis sie endlich das befreiende »Heureka« rufen können. Wobei es auch schon glücklich macht, wenn man sich in eine Aufgabe vertieft und in einen »Flow« kommt, wie der Seelenforscher Mihaly Csikszentmihalyi diesen Zustand nennt.

Psychologen haben tatsächlich ein »Wärmegefühl« nachgewiesen bei Menschen, die in Experimenten erfolgreich ein Problem lösten – denn, ja, auch das Problemlösen ist eine kreative Leistung. Zum Beispiel, wenn man das Scheerer'sche Neun-Punkte-Problem gemeistert hat, den Klassiker aus dem Jahr 1963, bei dem man neun quadratisch angeordnete Punkte mit maximal vier geraden Strichen verbinden muss, ohne den Stift zu heben. Noch nicht probiert? Dann mal los, und wenn Sie es in weniger als drei Minuten rausbekommen, haben Sie das Recht auf sehr viel Wärme – so schnell sind nämlich die wenigsten.

Jeder, der Handarbeiten liebt, weiß, wie gut es sich im Bauch anfühlt, wenn die im Norwegermuster selbst gestrickte Weihnachtsbaumkugel fertig ist. Wie glücklich hat es die Tesla-Gründer gemacht, als ihr nigelnagelneues Elektroauto Model 3 zum ersten Mal mehr als 350 Kilometer am Stück fuhr? Wie überwältigt war Elon Musk, als sein »Starship« nach vier Fehlversuchen unfallfrei auf der Erde landete? Wie sehr hat es die Entwickler von Apple beschwingt, dass ihre Firma laut der Unternehmensberatung Boston Consulting Group das innovativste Unternehmen des Jahres 2020 war?

Denn intrinsische Motivationen sind stärker als extrinsische: Wer glaubt, mit seinen Ideen die Welt ein bisschen besser zu machen, wird sich mehr ins Zeug legen als jemand, der nur vorn auf einer Innovationsliste stehen will. Die Google-Gründer Larry Page und Sergey Brin haben sich diese Erkenntnis geschickt zu eigen gemacht und das strategische Ziel ihres Suchmaschinenimperiums so formuliert: »Die Informationen der Welt zu organisieren und für alle zu jeder Zeit zugänglich und nutzbar zu machen.«

Wow, wer wollte da nicht mitmachen bei dem innovativen Megaprojekt, jedem Menschen auf dieser Welt Zugang zum ganzen Wissen dieser Welt zu verschaffen? Diese Mission motiviert mehr, den Unternehmenserfolg mit neuen Ideen voranzutreiben, als das stylishe Interior Design im Silicon-Valley-Headquarter und der monatliche Gehaltsscheck.

Unternehmenschefs suchen heute nicht nur intelligente und gut ausgebildete Mitarbeiter, sondern auch solche mit dem »soft skill« Kreativität. Eine neue Studie hat gezeigt, dass kreative Mitarbeiter auch bei den Kollegen für Inspiration sorgen – mehr als eine kreative Arbeitsatmosphäre und Zeit zum Nachdenken.

In den USA werden deshalb neuerdings die Absolventen von Kunsthochschulen von Headhuntern angesprochen, und nicht mehr nur jene, die einen Betriebswirtschaftsabschluss vorweisen können. Denn Kreativität von Angestellten zahlt sich in Euro, Dollar und Yen aus. Oder, wie der legendäre Ökonom und Pionier der Managementlehre, Peter Ferdinand Drucker, es formulierte: »Innovation ist das spezifische Instrument eines Unternehmers, wenn es darum geht, Ressourcen in Reichtum zu verwandeln.«

Die Japanerin Yuko Shimizu erfand 1974 als Angestellte von Sanrio die Figur einer kleinen Katze mit riesigem weißem Kopf, zwei Pünktchen als Augen und einem schiefen Haarschleifchen: Hello Kitty. Inzwischen gibt es in den Industrieländern dieser Welt wohl kein Mädchen unter zehn Jahren, das nicht eines der 50 000 Hello-Kitty-Produkte besitzt, vielleicht ein T-Shirt, eine Haarspange, einen Rucksack, eine Federmappe, ein Seifenblasenschwert oder ein Schlauchboot.

Kein Wunder, dass 2010 bei einer IBM-Studie mit mehr als 1500 Firmenchefs aus 60 Ländern und 33 Branchen herauskam: Kreativität ist der wichtigste Faktor für zukünftigen ökonomischen Erfolg. Um die zu trainieren, gibt es Kreativitäts- oder Innovations-Weiterbildungsworkshops aller Art, zum Beispiel mehrtägige Seminare zum markenrechtlich geschützten »Heldenprinzip«. Oder man kann, ebenfalls markenrechtlich geschützter, »CoCreACT-Facilitator« werden und in Workshops künftige Herausforderungen »co-kreativ und erfolgreich« angehen. Vielleicht lohnt sich das ja nicht nur für die Anbieter, sondern auch für die Teilnehmer.

Doch obwohl Kreativität das Zauberwort unserer Zeit ist und die ganze Gesellschaft aufgerufen ist zum Basteln, Tüfteln, Handwerkern, Malen, Musizieren und Dichten, gibt es auch jene, die warnen, dass Gesellschaften trotz dieses Hypes immer unkreativer werden. Der US-Ökonom und Nobelpreisträger Edmund Phelps hat in seinen Untersuchungen festgestellt, dass Deutschland, Frankreich und Italien in den vergangenen Jahrzehnten deutlich an Innovationskraft in der Wirtschaft verloren haben, während die USA sich noch halbwegs wacker schlagen.

Phelps sieht die Ursache einerseits in einem zu sehr steuernden Staat und andererseits in einem schlechten Image von Wirtschaftsunternehmen. Er regt an, dass schon in den Schulen Lust auf Entdeckungen und auf Risiko gemacht wird.

Das ginge sogar im Biologieunterricht. Dort könnten die Schüler lernen, dass die Kreativität kein Alleinstellungsmerkmal des Menschen ist. Auch eine neukaledonische Geradschnabelkrähe hatte irgendwann den originellen Gedanken, die ledrigen Blätter des Schraubenbaums anzuspitzen und damit Larven zu angeln, die sich in ihren Löchern fälschlich in Sicherheit wiegten. Aber das wäre eine andere Geschichte.

Interview

»Lasst eure Mädchen von Schaukeln fallen!«

Die Politikerin Reshma Saujani scheiterte mit ihrer Kandidatur für den US-Kongress. Dieser Misserfolg war für sie »wie eine Erweckung«.

Ein Interview von Maren Keller

SPIEGEL: Frau Saujani, wie haben Sie sich gefühlt, nachdem Ihr Traum vom Einzug in den Kongress gescheitert war?

Saujani: Natürlich habe ich mich schrecklich gefühlt. Aber als ich am Morgen danach aufgewacht bin, habe ich realisiert, dass ich mich zwar vielleicht nicht gut fühle, aber dass die Welt nicht untergegangen ist. Bis dahin hatte ich die gleiche falsche Befürchtung wie so viele andere Frauen auch. Wir trauen uns nicht, Risiken einzugehen, weil wir glauben, dass ein Scheitern unerträglich wäre. Dass wir das nicht ertragen könnten. Aber zu meiner Überraschung war das gar nicht so. Ich hatte versucht, meinen Traum zu verwirklichen. Es war schiefgegangen. Okay. Aber ich habe es überlebt. Dieses Erlebnis war wie eine Erweckung. Ich habe in diesem Moment verstanden, dass ich ein mutigeres Leben leben wollte.

SPIEGEL: Woher kommt diese Angst und warum kennen vor allem Frauen sie?

Saujani: Das kann man auf jedem x-beliebigen Spielplatz beobachten. Jungen werden von ihren Eltern ständig dazu ermutigt, auf dem Klettergerüst ganz nach oben zu klettern. Sie fallen dann eben auch mal runter. Macht nichts. Dann probieren sie es halt noch mal. Mädchen hingegen werden viel öfter dazu angehalten, vorsichtig zu sein. Nicht zu hoch zu schaukeln. Sich nicht um Eimer oder Schippen zu streiten. Und wenn sie laufen lernen, dann rennen die Eltern hinter ihnen her, um sie aufzufangen, bevor sie hinfallen. Später versuchen die Eltern dann, ihre Töchter vor emotionalen Verletzungen zu schützen. Die Eltern versuchen so sehr ihre Töchter vor Niederlagen und Zurückweisungen zu bewahren, dass die Töchter nie lernen können, mit diesen umzugehen. Sie verinnerlichen, dass nie etwas misslingen darf.

SPIEGEL: Was wird aus diesen Mädchen, die nie gelernt haben, Risiken einzugehen?

Saujani: Sie werden zu Frauen, die der verinnerlichte Perfektionismus von so vielem abhält. Aus lauter Angst davor, dass sie scheitern könnten, probieren sie es noch nicht einmal. Dafür gibt es Hunderte Beispiele. Frauen bewerben sich nur auf Stellenanzeigen, wenn sie die Kriterien zu 100 Prozent erfüllen. Männer hingegen probieren ihr Glück auch, wenn sie nur 60 Prozent der Vorgaben erfüllen. Ich erzähle gern eine Begebenheit aus einem IT-Kurs. Die Schüler und Schülerinnen hatten die Aufgabe, etwas zu programmieren. Eine der Schülerinnen konnte die Aufgabe nicht lösen und überwand sich schließlich, die Lehrerin um Hilfe zu bitten, und zeigte ihr den leeren Bildschirm. Später sah die Lehrerin, dass die Schülerin ganz kurz davor gewesen war, die Aufgabe zu lösen. Es hatte ihr nur ein winziges Stück Code gefehlt. Aber weil sie nicht die perfekte Lösung gefunden hatte, hatte sie lieber alles gelöscht und ihre Versuche nicht gezeigt. Auf diese Weise werden wir nie den Karriere-Gap schließen. Und auch nicht den Glücks-Gap.

SPIEGEL: Was meinen Sie damit?

Saujani: Frauen erkranken zwei- bis dreimal so häufig an einer Depression wie Männer. Jede Frau, die ich kenne, ist erschöpft. Ein Grund dafür ist, dass ihnen so oft der Mut fehlt, Nein zu sagen. Das ist aber wichtig. Nein, tut mir leid, ich kann diese Extra-Aufgabe nicht übernehmen. Nein, ich kann nicht mit deinem Hund spazieren gehen. Nein, das schaffe ich nicht. Nein, das möchte ich nicht.

SPIEGEL: Sie glauben, dass man Mut üben kann.

Saujani: Ja. Mut ist wie ein Muskel, den man trainieren kann.

SPIEGEL: Wie sieht dieses Training aus?

Saujani: Das Wichtigste ist: Man kann nicht mutig sein, solange man erschöpft ist. Selbstfürsorge ist deshalb entscheidend, die muss man sich antrainieren. Ob das nun Meditation ist oder Joggen. Aber damit meine ich nicht, dass Frauen jeden Morgen um 5 Uhr aufstehen sollen, um auch noch joggen zu gehen, bevor der restliche Tag beginnt. Sondern auch dann joggen zu gehen, wenn das nicht in die Tagesplanung der anderen passt. Wer niemals wirklich zur Ruhe kommt und seine Batterien auflädt, wird sich auch in wichtigen Konferenzen nicht zu Wort melden oder es niemals wagen, sich selbstständig zu machen.

SPIEGEL: Was kommt dann?

Saujani: Imperfektion auszuhalten. Auch das kann man üben. Und dann wird man schnell feststellen, dass die meisten Dinge nicht zu 100 Prozent perfekt sein müssen. 80 Prozent sind oft gut genug. Ein gutes Beispiel: Die meisten Frauen, die ich kenne, lesen jede E-Mail vor dem Abschicken noch hundertmal durch. Damit ja kein Fehler drin ist. Man kann deshalb zum Beispiel üben, bewusst eine Mail mit einem Tippfehler abzuschicken. Einfach um zu merken, dass danach nichts Schlimmes passiert. Niemand wird einen deswegen für dumm oder unqualifiziert halten. Es ist auch nicht schlimm, wenn bei einer Zoom-Konferenz Unordnung im Hintergrund zu sehen ist. Und dann gibt es noch eine dritte Übung, die ich jedem empfehle.

SPIEGEL: Welche?

Saujani: Eine Sache durchzuziehen, auch wenn das Ergebnis alles andere als perfekt ist. Sich ein neues Hobby zu suchen, auch wenn man dafür kein Talent hat. Um zu lernen, dass man auch Sachen gern machen kann, wenn man nicht gut darin ist. Ich gehe zum Beispiel gern tanzen. Und manchmal passiert es mir immer noch, dass ich mich dabei im Raum umgucke und mich unwohl fühle, weil sich all diese anderen Frauen viel besser bewegen können als ich. Man muss lernen, Dinge unabhängig vom Ergebnis zu genießen. Das ist sehr heilsam.

SPIEGEL: Was würden Sie auf Spielplätzen gern sehen?

Saujani: Lasst die Mädchen sich schmutzig machen. Lasst sie sich die Knie aufschlagen. Lasst sie von Schaukeln fallen, und ermutigt sie dazu, es danach einfach noch mal zu probieren. Und noch mal. Und noch mal. Lasst sie ihre Hände benutzen. Und Dinge bauen und sie wieder zerstören. Bringt ihnen bei, alles zu sagen, was sie wollen, ohne zu überlegen, ob sie es damit allen recht machen oder vielleicht jemandem zur Last fallen.

SPIEGEL: Glauben Sie, dass dann künftig mehr Frauen für wichtige politische Ämter kandidieren würden?

Saujani: Bei Mut geht es ja nicht nur darum, für den Kongress zu kandidieren oder Babys aus brennenden Häusern zu retten. Es geht um die vielen kleinen Dinge. Es geht darum, ein glückliches Leben zu führen. Und nicht aus Angst vor dem Scheitern hinter den eigenen Möglichkeiten zurückzubleiben.

Buchtipp: Reshma Saujani: *Mutig, nicht perfekt. Warum Jungen scheitern dürfen und Mädchen alles richtig machen müssen*, Köln: DuMont, 2020.

CHECK

Bin ich blind?

Sie möchten sich verändern? Mit diesen Checklisten finden Sie heraus, wie stark Ihr Wunsch wirklich ist und wie gut Sie auf einen Kurswechsel vor-
bereitet sind.

**Wenn Ihnen jemand sagt, dass Sie etwas sehr gut ma-
chen – antworten Sie dann etwas überrascht:** »Aber
das ist doch ganz einfach«? Viele Menschen unterschätzen
ihre Potenziale, weil ihnen das, was sie gut können, so leichtfällt. Ähnlich ist es mit Veränderungswünschen: Man weiß
manchmal nicht genau, warum man nicht zufrieden ist, was
konkret stört und was eigentlich eine bessere Alternative
wäre. Mit den folgenden sechs Checklisten können Sie hier
mehr Klarheit gewinnen.

Mehr Wissen

Hat man im Verlauf des Lebens immer die gleichen
Stärken? Oder verändert sich hier etwas mit zuneh-
mendem Alter? Dies wurde in einer Studie am Bei-

spiel der Kreativität erforscht. Die Wissenschaftler fanden heraus, dass es schon innerhalb eines Zeitraums von zwei Jahren signifikante Veränderungen gab. Für Menschen im Übergang vom Jugendalter zum frühen Erwachsenenalter wurde Kreativität als Teil des Selbstkonzepts wichtiger, und es wuchs auch die Überzeugung, diese Kreativität im Leben einsetzen zu können. Bei älteren Menschen hingegen sank die Bedeutung von Kreativität, und auch die sogenannte Selbstwirksamkeit nahm ab.

Aufgabe

Beantworten Sie die Aussagen auf den folgenden Listen mit »Ja« oder »Nein«. Wenn Sie sich nicht sicher sind, wählen Sie die Antwort, die eher passt. Zählen Sie anschließend alle »Ja«-Antworten zusammen, und notieren Sie die Zahl im Ergebnisfeld.

1

Ja Nein

Ich habe mich gerade über etwas sehr geärgert und möchte deshalb nun schnell etwas verändern.

Es ist wirklich höchste Zeit, jetzt etwas zu verändern, weil es sonst dafür zu spät sein könnte.

Ja Nein

In meinem Bekanntenkreis haben gerade viele die ☐ ☒
Idee, sich beruflich zu verändern.

Ich bin privat frustriert und möchte deshalb we- ☐ ☒
nigstens beruflich zufriedener werden.

Ich habe schon immer Veränderungen geliebt, weil ☒ ☐
es mir schnell zu langweilig wird.

Ergebnis: _____ 2 _____ x **Ja**

2

Ich habe eigentlich keine ausgeprägten Stärken und ☒ ☐
habe auch keine rechte Vorstellung, was ich überhaupt gut kann.

Wenn ich gelobt werde, ist mir das meistens ein ☒ ☐
Rätsel. Was ich getan habe, war doch nichts Besonderes.

Ich habe weniger als fünf Fähigkeiten, die ich auch ☒ ☐
anhand von Beispielen erklären könnte.

Mir ist schon oft aufgefallen, dass Selbst- und ☐ ☒
Fremdbild bei mir stark auseinanderklaffen.

Ja Nein

Ich finde es vor allem dann eine Leistung und erwähnenswert, wenn ich mich dafür sehr angestrengt habe.

Ergebnis: _____ x Ja

3

Ich habe Freunde, Bekannte, Verwandte, Lehrer, Kollegen und Vorgesetzte gefragt, wo sie meine Stärken sehen.

Ich habe schon einige Tests gemacht, um herauszufinden, was ich gut kann.

Ich habe mir professionelle Beratung gesucht, um mich noch besser kennenzulernen.

Um meine Fähigkeiten auszubauen, habe ich einige Ratgeber gelesen.

Mindestens einer der Ansätze, über die ich mich informiert habe, hat mir auch geholfen.

Ergebnis: _____ x Ja

4

	Ja	Nein

Wenn ich mich selbst beschreiben soll, fallen mir mehr Stärken als Schwächen ein. ☐ ☒

Es fällt mir leicht zu sagen, was ich denke. ☒ ☐

Ich übernehme gern Aufgaben, um zu zeigen, was ich kann. ☒ ☐

Es hat mich in meinem Leben weitergebracht, dass ich meine Stärken kenne und einsetze. ☐ ☒

Ich weiß, was ich kann. Aber ich finde es in Ordnung, auch mal Fehler zu machen. ☒ ☐

Ergebnis: ____3____ x **Ja**

5

Ich frage möglichst nicht nach Feedback, schon gar nicht von Vorgesetzten und Kollegen, weil ich Angst vor Kritik habe. ☒ ☐

Ja   Nein

Ich fühle mich leicht persönlich sehr getroffen oder bin verärgert, wenn jemand mich oder meine Arbeit kritisiert.

Wenn ich mich sehr angestrengt habe, aber keiner das würdigt, kränkt mich das sehr oder macht mich sogar wütend.

Ich bin oft unsicher und frage andere um Rat. Leider habe ich manchmal erst im Nachhinein gemerkt, dass der Rat nicht gut war.

Ich lasse mich schnell entmutigen und nehme mir generell vieles zu sehr zu Herzen.

Ergebnis: _____ x Ja

6

Wenn ich mir etwas vornehme, dann bleibe ich auch dran. Denn nur dann erreiche ich mein Ziel.

Wenn etwas schiefgeht oder sich hinzieht, lasse ich mich nicht entmutigen. Gut Ding braucht Weile.

Ja Nein

Ich habe oft ein Projekt mit anderen gemacht und habe mich nicht abhängen lassen – egal, wie ehrgeizig die anderen waren.

☐ ☒

Ich möchte meine Ziele erreichen. Deshalb überlege ich vorher genau, was ich schaffen kann, und mache notfalls Abstriche.

☒ ☐

Mich selbst gut zu organisieren ist für mich noch nie ein Problem gewesen.

☐ ☒

Ergebnis: _____ x Ja

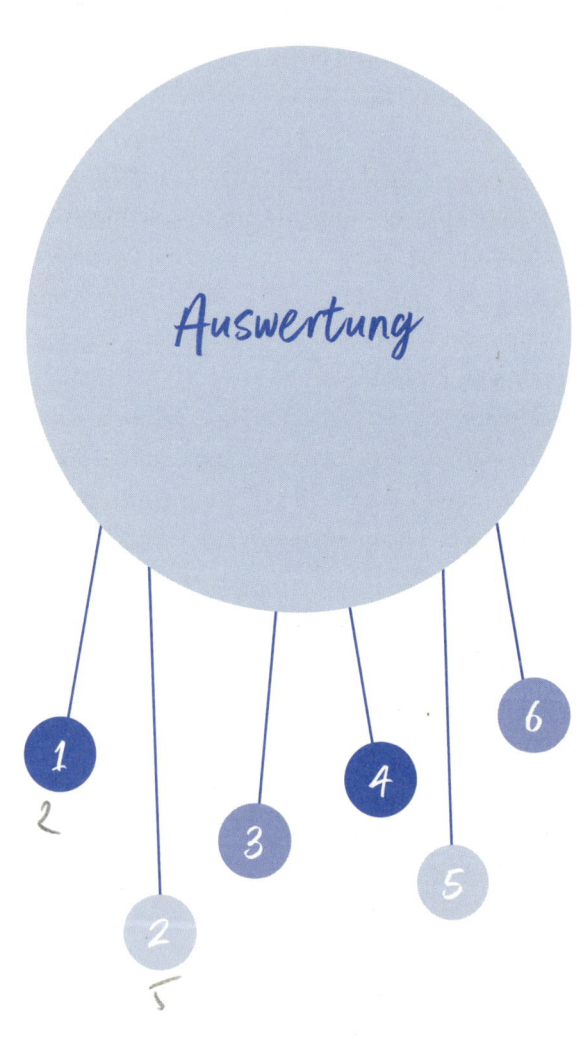

Auswertung

1 Wieso wollen Sie sich verändern?

Bei manchen Menschen sind es äußere Anlässe, die den Anstoß geben, sich mit beruflichen Veränderungen zu beschäftigen. Mal ist es die Midlife-Crisis, mal das Ende einer langjährigen Beziehung oder auch die Angst, es könnte schon fast zu spät sein für eine berufliche Veränderung. Wenn Sie weniger als dreimal mit »Ja« geantwortet haben, dann gibt es in Ihrem Leben vermutlich solche externen Impulse. Das ist an sich kein Problem – wenn Sie sich gleichzeitig damit beschäftigen, was genau Sie verändern möchten und warum. Denn sich von externen Faktoren treiben zu lassen kann Sie auch von Ihren wirklichen Wünschen entfernen. Sich immer wieder zu fragen, was wirklich Ihr Ziel ist, kann daher nicht schaden. Wenn Sie mehr als dreimal mit »Ja« geantwortet haben, dann sollten Sie nochmals in sich gehen und reflektieren, was Sie sich von einem beruflichen Schritt erwarten. Beobachten Sie sich bewusst über einen bestimmten Zeitraum, und versuchen Sie herauszufinden, in welchen Situationen sich Ihr Wunsch einstellt und was eigentlich dahintersteckt.

Tipp: Machen Sie einen Check Ihres aktuellen Jobs: Was gefällt Ihnen? Was passt? Was nicht? Was müsste sich ändern, damit Sie wieder zufriedener sind? Manchmal schneidet der bisherige Job bei genauer Betrachtung gar nicht so schlecht ab wie gedacht. Menschen tendieren

> nämlich dazu, sich rasch an die positiven Dinge zu gewöhnen, während ihnen die negativen Aspekte jeden Tag auffallen.

2   Wie gut kennen Sie sich?

Was kann ich gut? Die Frage nach den eigenen Fähigkeiten klingt so einfach, doch tatsächlich gehört sie zu den schwierigsten überhaupt. Menschen sind nämlich kurioserweise besonders betriebsblind für ihre größten Talente. Warum? Weil ihnen diese so leichtfallen, dass sie gar nicht merken, dass sie überhaupt etwas leisten. Wenn Sie weniger als dreimal mit »Ja« geantwortet haben, dann haben Sie vermutlich schon die Erfahrung gemacht, dass Ihnen so manches leicht von der Hand geht, wofür andere sich unendlich abmühen. Behalten Sie das im Blick, und versuchen Sie, das, was Ihnen so leichtfällt, einfach öfter und ganz gezielt zu tun. Wenn Sie dreimal oder öfter mit »Ja« geantwortet haben, dann wundern Sie sich wahrscheinlich öfter, dass Sie für Dinge gelobt werden, die eigentlich »nichts Besonderes« sind. Vielleicht schütteln Sie auch den Kopf darüber, wie selbstbewusst manche Stümper auftreten? Das könnte darauf hinweisen, dass Ihre wahren Talente im Verborgenen schlummern.

Tipp: Wenn Sie demnächst eine Aufgabe sehr gut erledigen, wenn Sie positives Feedback erhalten, dann halten Sie einen Augenblick inne, und überlegen Sie, auf welchem Talent, auf welcher Stärke dieser Erfolg basiert. Sie können das auch gern notieren – und in einer vergleichbaren Situation in Ihre Notizen schauen, insbesondere dann, wenn Sie an sich zweifeln. Und setzen Sie diese Fähigkeit auch für andere ein, die in diesem Punkt Unterstützung benötigen!

3 Wie finden Sie heraus, was Sie können?

Die wenigsten Menschen wissen schon als Kind, dass sie unbedingt Koch oder Ärztin werden möchten. Die meisten anderen geraten irgendwie in die Berufswelt hinein, und wenn sie Glück haben, dann entsprechen ihre Talente auch dem, was man in dem Job braucht. Wenn Sie dreimal oder öfter mit »Ja« geantwortet haben, dann möchten Sie hier nichts dem Zufall überlassen. Das ist gut, denn je mehr man über sich weiß, desto besser kann man nach einem passgenauen Job suchen. Und desto größer ist die Wahrscheinlichkeit, dass man den Job auch erfüllend findet. Wenn Sie weniger als dreimal mit »Ja« geantwortet haben, dann sind Ihnen

Ihre Talente, Stärken und Potenziale nicht so richtig klar. Für Sie könnte es sich lohnen, die eigenen Stärken noch besser kennenzulernen.

Tipp: Es gibt jede Menge Tests unterschiedlicher Qualität, um mehr über die eigenen Potenziale zu erfahren, zum Beispiel Vorgesetzten- oder Expertenurteile, Feedback von Freunden (oft besonders hilfreich), mehr oder weniger qualifizierte Berater/Coachs. Die Schnittmenge aus mehreren Verfahren kann wertvolle Hinweise darauf geben, wo die eigentlichen Stärken liegen. Und da es um einen wichtigen Teil Ihres Lebens geht, sollten Sie entsprechend viel Zeit oder auch Geld investieren.

4   Wie viel Selbstvertrauen besitzen Sie?

Selbstvertrauen ist relativ, und nicht jede negative oder auch positive Selbsteinschätzung ist wirklich angemessen. Sehr intelligente oder erfahrene Menschen können große Selbstzweifel haben, andere treten auf, als hätten sie die Weisheit mit Löffeln gefressen. Selbstbewusstes Auftreten in Körpersprache und Stimme dominieren zwar in der Kommunikation, das muss aber nichts mit der Qualität des Inhalts zu tun haben. Das Selbstwertgefühl ist ein Spiegel dessen, wie Menschen früher behandelt wurden. Wenn Sie mehr als zweimal mit »Ja« geantwortet haben, dann haben Sie schon ein gesundes Selbstvertrauen. Das ist gut so! Bleiben Sie trotzdem auf dem Teppich, und reflektieren Sie immer wieder, ob die eigene Einschätzung Ihrer Stärken einen Widerhall in der Wirklichkeit hat. Wenn Sie zweimal oder weniger mit »Ja« geantwortet haben, dann sollten Sie Ihr Selbstwertgefühl ein wenig aufpolieren. Oft hilft es schon, sich bewusst zu machen, dass man sich im Vergleich zu anderen eher an hohen Maßstäben misst oder dass man sich eher unter- als überschätzt. Dann kann man bewusst gegensteuern und muss sich nicht vom selbstbewussten Auftreten anderer irritieren lassen.

Tipp: Selbstvertrauen kann man trainieren. Und das lohnt sich, denn innere Stärke führt auch dazu, dass man Krisen besser durchsteht. Studien zeigen, dass Mannschaftssport helfen kann, das Selbstwertgefühl zu verbessern, weil man sich hier sozial zugehörig fühlt.

Wie gehen Sie mit Feedback um?

Viele Menschen vermeiden die Suche nach Feedback, weil sie befürchten, Kritik zu hören. Das hat meistens mit früheren Erfahrungen in der Familie oder der Schule zu tun, weil Kritik verletzend war oder man vor anderen bloßgestellt wurde. Andere wischen Kritik einfach vom Tisch, wenn diese nicht ihr Ego bedient, sondern es ankratzt. Dabei kann Feedback enorm hilfreich sein, wenn man sich weiterentwickeln möchte: Der Blick von außen hilft, sich selbst besser einschätzen zu können. Wenn Sie weniger als dreimal mit »Ja« geantwortet haben, dann wissen Sie das vermutlich bereits und holen sich immer wieder die Meinung anderer ein – und setzen auch Anregungen um, wenn sie passen. Wenn Sie drei-mal oder öfter mit »Ja« geantwortet haben, fällt es Ihnen eher schwer, die Kritik anderer als wertvolle Hinweise zu verstehen. Natürlich sollte man immer auch berücksichtigen, von wem das Feedback in welcher Absicht gegeben wird und ob die andere Person tatsächlich in der Lage ist oder die Informationen besitzt, um ein fundiertes Urteil zu bilden. Es kann aber sehr hilfreich sein, sich bewusst von wohlmeinenden Zeitgenossen deren Sichtweise über Stärken, Schwächen und Eigenheiten geben zu lassen.

Tipp: Orientieren Sie sich nicht an Einzelmeinungen, sondern bilden Sie eine Schnittmenge aus mehreren Sichtweisen. Hören Sie sich die Kom-

mentare ruhig an, fragen Sie nach, wenn Sie etwas nicht verstehen, lassen Sie sich Beispiele
geben, und notieren Sie alles. Reflektieren Sie in
einer ruhigen Minute, welche Hinweise richtig und
nützlich sind.

 ## Wie stark ist Ihre Willenskraft?

Wenn Sie dreimal oder öfter »Ja« angekreuzt haben,
dann wissen Sie, wie Sie Ihre Ziele erreichen, Sie können Ihre
Kräfte einschätzen und haben die Ausdauer, die man für einen Langstreckenlauf braucht. Machen Sie weiter so, bleiben
Sie im Training! Wenn Sie weniger als dreimal mit »Ja« geantwortet haben, ist Ihr Durchhaltewille optimierungsfähig
und könnte Ihre Projekte ernsthaft gefährden. Hier könnte
es für Sie hilfreich sein, wenn Sie versuchen, Ihre Schwach-
stellen zu identifizieren und sich vorbeugend ein paar geeig-
nete Strategien des Umgangs mit diesen auszudenken. Willenskraft ist eine begrenzte Ressource, über die Menschen in
unterschiedlichem Maß verfügen. Deshalb motivieren manche sich mit Belohnungen, während andere sofort anspringen
und nicht mal merken, dass sie sich motivieren müssen. Man
spricht hier von der Selbstmotivierungskompetenz.

Tipp: Um festzustellen, wie willensstark Sie sind, könnten Sie sich einige Fragen stellen: Welche guten oder schlechten Erfahrungen habe ich mit Ansätzen gemacht, zum Beispiel bei positiven Vorsätzen wie beim Abnehmen oder Sport et cetera. Gibt es bewährte Regeln? Was kann ich daraus lernen für den beruflichen Kontext? Brauche ich eine Gruppe Verbündeter, einen Sparringspartner (der einem im Zweifelsfall auch mal die Leviten liest), ein Belohnungssystem, ein festes Programm? Bin ich eher Sprinter oder Marathonläufer? Was hat geholfen, wenn es Hindernisse gab? Welche Strategien verfolgen andere? Was kann ich daraus lernen?

COACHING

Potenziale entdecken

Sie sind unzufrieden im Job? Sie überlegen, sich umzuorientieren, beispielsweise das Unternehmen zu wechseln? Das Wichtigste vor jeder Veränderung ist, genau zu wissen, was man wirklich will. Mit diesem Coaching können Sie mehr Klarheit über Ihre Motive und Ziele gewinnen.

Dauer

Auch wenn man sich unwohl im Job fühlt und dringend etwas ändern will: Überhasten Sie nichts. Lassen Sie sich daher gern acht Wochen Zeit für dieses Coaching. Sie können auch zwischendurch immer wieder zurückblättern und überlegen, ob sich an Ihrer Perspektive, Ihren Einschätzungen und Wünschen etwas verändert hat.

Schritt 1: Wo stehe ich?

Erfahrungsgemäß überschätzen viele Menschen ihren beruflichen Veränderungsbedarf. Aus Aktionismus verändern sie manchmal irgendetwas. Man kann sich aber sogar verschlechtern, wenn man das falsche Problem löst. Davor schützt eine Bestandsaufnahme.

Übung: Bestandsaufnahme

Um besser beurteilen zu können, was Sie wirklich verändern sollten, ist es sinnvoll, zunächst den aktuellen Job unter die Lupe zu nehmen. Damit können Sie Ihre Unzufriedenheit und den Veränderungsbedarf besser eingrenzen und eine nachhaltige Lösung suchen. Denn: Je genauer Sie wissen, was Sie suchen, desto eher werden Sie es finden! Tragen Sie in eine Tabelle ein: Was gefällt Ihnen an Ihrer jetzigen Tätigkeit, was nicht? Wie war es bei vorherigen Jobs?

Jobs	positive Aspekte	negative Aspekte
...	...	...

Wo sehen Sie konkreten Veränderungsbedarf bei Ihrer jetzigen Tätigkeit?

Gibt es Dinge, die sich wiederholen? Erkennen Sie ein Muster? Führen Sie in dieser Woche eine Art Tagebuch, in dem Sie einzelne Beobachtungen notieren. So erfassen Sie Veränderungen besser. Ziehen Sie nach der Woche Bilanz: Was fällt Ihnen auf? Was war positiv? Was war negativ? Manchmal wird erst allmählich klarer, was das eigentliche Problem ist. In der folgenden Liste finden Sie einige Aspekte, die Sie in Ihren Beobachtungen berücksichtigen können:

- Die Aufgabe entspricht nicht meinen Fähigkeiten.
- Ich mag die Branche nicht, in der ich arbeite.
- Die Chemie stimmt nicht bei den Menschen.
- Die Arbeitsbedingungen stimmen nicht.
- Das Gehalt stimmt nicht.
- Ich habe die falsche Position.
- Ich verstoße gegen meine Werte oder würde sie gern noch stärker einbringen.
- Ich bin unzufrieden mit meinem Privatleben.

Schritt 2:
Was kann ich richtig gut?

Jeder hat Talente, und wenn es gut läuft, dann kann man diese im Job erfolgreich einsetzen. Manche Menschen kennen ihre Stärken genau. Andere aber sind unsicher oder glauben, dass sie gar nichts können. Um sich mehr Gewissheit über sich selbst zu verschaffen, kann man sich zur Hauptperson einer Geschichte machen – die man dann anderen vorliest. Denn deren Feedback ist oft sehr hilfreich.

Meine Geschichte

Eine besonders gute Möglichkeit, die eigenen Fähigkeiten zu identifizieren, besteht darin, kleine private oder berufliche Episoden aufzuschreiben, bei denen Sie etwas getan haben, das Ihnen besonders viel Freude gemacht hat. Sie sollten sich noch gut an alles erinnern.

Schreiben Sie diese Geschichte so detailliert auf, als würden Sie sie einem fünfjährigen Kind erzählen, das immer wieder nachfragt: »Und was hast du dann gemacht?« Sie schildern kurz die Ausgangssituation und beschreiben dann, wie Sie vorgegangen sind. Wie haben Sie Hindernisse überwunden? Wie ging es aus? Lesen Sie Ihre Geschichte durch, und notieren Sie, welche Fähigkeiten Sie selbst in Ihrer Geschichte erkennen.

Lesen Sie die Geschichte dann anderen Personen vor, und fragen Sie sie, welche Ihrer Fähigkeiten sie darin erkennen. Lassen Sie sich erklären, wo diese deutlich werden, und notieren Sie sich die Antwort. Was überrascht Sie? Was schließen Sie daraus?

Schreiben Sie nun eine weitere positive Geschichte auf, und holen Sie wieder Feedback ein. Welche Fähigkeiten wurden Ihnen gespiegelt? Fähigkeiten, die Sie überraschen, sind vermutlich Ihre größten Talente – die Ihnen daher auch so leichtfallen, dass Sie sie selbst nicht erkennen.

Was bedeutet das für Ihre nächste Aufgabe? Als was müssten Sie arbeiten, um diese Fähigkeiten auch beruflich einsetzen zu können?

Werkzeug: Geschichten-Technik

Nehmen Sie sich Zeit, um eine passende Episode zu finden. Überlegen Sie, wann Sie etwas getan haben, das Ihnen besonders viel Freude bereitet hat. Wenn Sie sich für eine Episode entschieden haben, schreiben Sie diese auf, und geben Sie ihr einen eigenen Titel. Notieren Sie in einer Tabelle die Titel und daneben die Fähigkeiten, die Sie in Ihrer Geschichte erkennen.

Titel der Geschichte	Fähigkeiten, die Sie in Ihrer Geschichte erkennen
...	...

Weiter: Lesen Sie Ihre Geschichte zwei weiteren Personen vor. Fragen Sie diese, welche Fähigkeiten sie in Ihrer Geschichte sehen. Notieren Sie sorgfältig das Feedback. Denn Außenstehende erkennen Talente meist viel besser als man selbst. Lassen Sie sich erklären, woran andere die Fähigkeit erkennen, damit das Feedback für Sie nachvollziehbar ist.

Meine Fähigkeiten, die andere sehen:

1. _____

2. _____

3. _____

4. _____

5. _____

Was überrascht Sie? Erkennen Sie ein Muster? Schreiben Sie gern in den kommenden Wochen noch weitere Geschichten.

Reflexion: Die Titel-Frage

Die konkrete Bezeichnung einer Tätigkeit kann irreführend sein. Letztlich zählen die Aufgaben, die mit der Bezeichnung gemeint sind. Ein Assistent der Geschäftsführung kann etwa Kaffee kochen oder Strategieprojekte managen. Lösen Sie sich daher von der direkten Bezeichnung, und richten Sie Ihren Blick stattdessen auf die konkreten Aufgaben.

Kann ich meine Stärken einsetzen?

Nachdem Sie mehr Klarheit über Ihre größten Stärken haben, geht es darum, die dazu passende Aufgabe zu finden. Zunächst betrachten Sie Ihre aktuelle Aufgabe: Welche Ihrer Stärken, die Sie in der Geschichte entdeckt haben, können Sie bei Ihrer jetzigen Tätigkeit passend einsetzen? Füllen Sie dafür eine Tabelle wie folgt aus.

Name der Stärke	passt	passt teilweise	passt nicht
...	...	...	...

Sie haben nun herausgefunden, welche Fähigkeiten Sie ganz, teilweise oder gar nicht einsetzen können in Ihrem aktuellen Job. Überlegen Sie nun weiter:

- Was bedeutet das für Ihre jetzige Tätigkeit?
- Bei welcher Aufgabe könnten Ihre Fähigkeiten ideal zum Tragen kommen?
- Von welchen Aufgaben sollten Sie sich besser trennen?

Übung: Den passenden Job finden

Nicht alles, was man gut kann, macht man auch gern. Notieren Sie fünf Fähigkeiten, die Sie beruflich einsetzen möchten (oder schon einsetzen).

1. _____

2. _____

3. _____

4. _____

5. _____

Wählen Sie mindestens drei aus, die Sie noch einmal näher unter die Lupe nehmen möchten. Welche Job-Titel/-Aufgaben fallen Ihnen dazu ein? Notieren Sie sie hier oder in Ihr

Journal. Fragen Sie dazu auch andere Personen. Welche der genannten Ideen gefallen Ihnen?

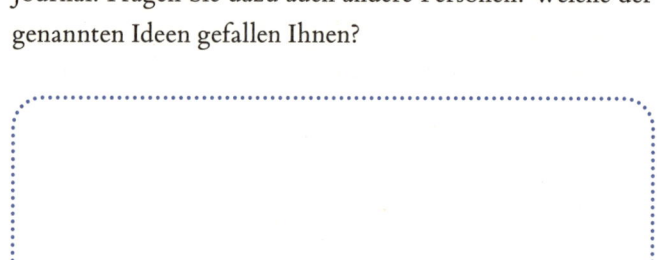

Wichtig: Natürlich sollten Sie diese Ideen genau unter die Lupe nehmen. Die Vorstellung von einer Tätigkeit kann weit entfernt sein von der Realität. Wenn die Tätigkeit sich als attraktiv erweist, können Sie auch herausfinden, welche Wege die besten sind, wenn man sich in diesem Bereich entwickeln möchte.

Hintergrundwissen

Kennen Sie sich wirklich gut? Die US-amerikanische Organisationspsychologin Tasha Eurich hat zahlreiche Studien dazu ausgewertet und kommt zu dem Schluss: Auch wenn die meisten Menschen überzeugt sind, sich gut zu kennen, trifft das nur auf 10 bis 15 Prozent von ihnen zu. Ein Grund dafür ist, dass man sich meist die »Warum empfinde ich das so/mache ich das so?«-Frage stellt – aber gar keinen Zugang zu den Antworten hat. Denn diese liegen im Unbewussten. Daher erfindet man eine Erklärung, die überzeugend erscheint.

3

Schritt 3:
Wo passe ich am besten hin?

Manche Menschen arbeiten einfach in der falschen Branche. Es macht nämlich einen großen Unterschied, ob man Autos oder Naturkosmetik verkauft. Deshalb ist es wichtig herauszufinden, für was man sich wirklich begeistert, um später den passenden Arbeitgeber dafür zu finden. In einigen Berufen kann die Branche auch von geringerer Bedeutung sein, etwa im Personalwesen oder im Controlling.

Interessen identifizieren

Vielleicht kennen Sie schon irgendetwas, das für Ihr zukünftiges Berufsleben wichtig sein könnte? Welche Produkte, Themen oder Dienstleistungen sind das? Die folgenden Fragen helfen Ihnen, Ihre wirklichen Interessen zu identifizieren:

- In welchen Branchen haben Sie bisher gearbeitet? Welche haben Ihnen gefallen?
- Worüber unterhalten Sie sich am liebsten mit Ihren Freunden und Bekannten?
- Womit beschäftigen Sie sich am liebsten beim Lesen in Zeitungen, Magazinen, Büchern, Onlinemedien, in Kursen und Seminaren?
- Wenn ein Außerirdischer genau vor Ihrem Haus landen würde und keine Ahnung hätte, was es auf der Erde gibt: Was würden Sie ihm zeigen?
- Welche Messen würden Sie gern einmal besuchen?

- Wenn Sie in einem riesigen Einkaufszentrum wären, in dem es alles gibt (Produkte, Dienstleistungen): Wo würden Sie unbedingt hineingehen?
- Was beschäftigt/stört Sie am meisten an Gesellschaft, Kultur oder Zeitgeist?

Wichtig: Diese Interessen sind ein Hinweis auf passende Arbeitgeber. Versuchen Sie, auch Schnittmengen zwischen Ihren Interessengebieten zu finden. Fragen Sie Ihre Freunde nach Ideen, und wählen Sie die aus, die Ihnen gefallen. Recherchieren Sie, wie Aufgaben und Arbeitsbedingungen in der Branche aussehen.

Übung: Himmel und Hölle

Denken Sie an Ihren Job, und gestalten Sie ihn in Ihrer Fantasie so um, dass er zu einem furchtbaren Arbeitsplatz wird. Malen Sie sich alle Details aus, und notieren Sie Ihre Fantasien: Arbeitsweg, Arbeitsplatz, Arbeitsinhalte, Kollegen und Kolleginnen, Führungskräfte, Bezahlung et cetera. Anschließend notieren Sie genauso detailreich, wie der Höllenjob zum allerschönsten Job werden könnte. Danach haben Sie ein klareres Bild davon, was Sie wirklich möchten.

Hölle:

Himmel:

Schritt 4:
Mit wem möchte ich arbeiten?

Vielleicht haben Sie den richtigen Job und sind in der richtigen Branche, haben es aber mit den falschen Personen zu tun. Deshalb sollten Sie unbedingt wissen, wann für Sie die Chemie stimmt. Persönliche Dissonanzen sind ein Hauptgrund für Entlassungen und Kündigungen.

Werkzeug: Eigenschaften benennen

Tragen Sie in eine Liste drei Personen ein, mit denen Sie aufgrund einer bestimmten Eigenschaft nicht zurechtgekommen sind. Und wie hätte es doch geklappt?

Name	Negative Eigenschaft	Mein Wunsch
1.		
2.		
3.		

Listen Sie die wichtigsten positiven Eigenschaften von Menschen auf, mit denen Sie gern zusammenarbeiten möchten. Bringen Sie diese in eine Rangfolge.

Name	Positive Eigenschaft	Meine Hitparade
1.		
2.		
3.		
4.		
5.		
6.		

Erkennen Sie Muster? Gibt es Dinge, auf die Sie in Zukunft besonders achten müssen? Notieren Sie Ihre wichtigsten Kriterien für die Bewertung der Menschen, mit denen Sie es zu tun haben.

Schritt 5:
Wie möchte ich arbeiten?

Viele Menschen können ihre Unzufriedenheit nur schwer konkret benennen. Doch oft resultiert sie auch aus falschen Arbeitsbedingungen. Das meint die räumliche Umgebung, aber auch Über- oder Unterforderung, ein schlechtes Betriebsklima, eine mangelnde Perspektive.

Lesen Sie zunächst noch mal Ihre Antworten zur »Himmel und Hölle«-Übung in Schritt 3 durch. Was ist Ihnen dort in Hinblick auf die Menschen positiv oder negativ aufgefallen? Sich dies bewusst zu machen ist wichtig, um davon die Bewertung der äußeren Arbeitsbedingungen zu trennen. Die folgende Übung kann Ihnen helfen, besser zu verstehen, welche Rahmenbedingungen für Sie von Bedeutung sind.

Übung: Arbeitsbedingungen bewerten

Welche Arbeitsbedingungen wünschen Sie sich? Und was wäre wenig vorteilhaft für ein gutes Arbeitsergebnis und Ihr Wohlbefinden? Tragen Sie im ersten Schritt Ihre Vorstellungen in eine Tabelle ein. Formulieren Sie aber kein »Wünsch dir was«, sondern notieren Sie nur das, was Sie für realistisch und machbar halten.

Das möchte ich keinesfalls	Das möchte ich unbedingt

Vergeben Sie nun eine Rangfolge für das, was Ihnen nicht gefallen hat, und für das, was Sie sich stattdessen wünschen. So können Sie sehen, womit Sie zur Not leben können und womit nicht.

Wo habe ich gearbeitet?	Was hat mir nicht gefallen?	Rang	Was wäre besser?	Rang

6

Schritt 6:
Was möchte ich erreichen?

Es gibt Menschen, die sind am liebsten ein kleines Rädchen in einer großen Firma, andere wollen unbedingt selbstständig sein. Manche wollen führen, andere wollen das auf keinen Fall. Vor einer Veränderung ist es wichtig, diese Wünsche zu kennen.

Übung

Es ist ein Unterschied, ob Sie am liebsten selbstständig wären, in einer Führungsposition arbeiten oder ob Sie Sachbearbeiter werden möchten. Denken Sie über folgende Fragen nach, und notieren Sie Ihre Antworten hier oder in Ihrem Journal:

- Welche Position streben Sie kurz-, mittel- und langfristig an?
- Was wäre das Mindeste?
- Was würden Sie auf gar keinen Fall akzeptieren?

Reflexion

Auch das Gehalt spielt bei manchen eine weniger große, bei anderen die entscheidende Rolle bei der Bewertung von beruflichen Optionen. Welche Bedeutung hat das Gehalt für Sie? Kreisen Sie die entsprechende Zahl auf der Skala ein:

1   2   3   4   5   6   7   8   9   10

Werkzeug: Kassensturz

Machen Sie einen Kassensturz, und rechnen Sie Ihre Fixkosten zusammen. Was wäre das absolute finanzielle Minimum, das Sie benötigen, um nicht wirklich in Not zu geraten? Angenommen, Ihr Traumjob fällt Ihnen vor die Füße: Welches finanzielle Minimum wäre auf Dauer akzeptabel? Ab welcher Summe wären Sie mehr als zufrieden?

7

Schritt 7:
Welche Werte sind mir wichtig?

Manche Menschen müssen im Job die Kunden von unseriösen Dingen überzeugen, arbeiten in Unternehmen, die schlechte Qualität liefern, oder finden die Produkte ihrer Firma schlichtweg überflüssig. Einigen wenigen ist es egal, wenn ihre eigenen Werte im Job keine Rolle spielen. Die meisten aber möchten, dass ihre Werte im Beruf wichtig sind. Das kann zu der Entscheidung führen, in eine bestimmte Branche zu gehen wie Umwelttechnik, Bildung oder Non-Profit-Organisationen.

Reflexion

Gibt es Jobs oder Aufgaben, die unvereinbar sind mit Ihren Werten und die daher für Sie ausgeschlossen sind? Gibt es bestimmte Branchen, für die Sie niemals arbeiten würden? Machen Sie eine Negativliste.

Gibt es auch bestimmte Themen, mit denen Sie sich beschäftigen wollen, oder Branchen, die zu Ihren Werten passen? Welche sind das?

Extratipp: Es kann sich lohnen, die eigene Biografie zu reflektieren. Gab es wichtige Themen, die Sie im Laufe des Lebens sehr beschäftigt haben? Vielleicht gab es Schicksalsschläge, schwierige Familienkonstellationen oder auch positive Situationen oder sogar Glücksfälle? Können Sie daraus etwas lernen oder etwas verändern in Hinblick auf Ihre Werte? Vielleicht können Sie beispielsweise mit oder bei Ihrer Arbeit einen Beitrag dazu leisten, dass Benachteiligte beruflich eine Chance erhalten.

Schritt 8:
Wie plane ich mein Leben?

Die Arbeit hat für Menschen eine unterschiedlich hohe Bedeutung. Für manche ist sie lediglich Broterwerb, für manche ist es wichtig, nette Kolleginnen und Kollegen zu haben. Einige finden Bestätigung, wenn sie die Karriereleiter hochklettern. Für andere muss Arbeit sinnerfüllend oder sogar eine »Berufung« sein. Sich über die eigene Motivation im Klaren zu sein ist für die Lebensplanung sehr wichtig.

Übung: Lebensträume erkennen

Haben Sie Lebensträume? Zum Beispiel eine Familie gründen, ein Haus kaufen, an ein bestimmtes Ziel reisen oder sogar eine Weile im Ausland leben, sich selbstständig machen oder etwas Neues lernen ...?

Wenn ja: Welche sind das? Notieren Sie sie hier oder in Ihr Journal:

Wann ist dafür der passende Zeitpunkt? Eher kurz-, mittel- oder langfristig? Angedachtes Jahr: _____

Denken Sie darüber nach, was das kurz-, mittel- und langfristig für Ihren Job bedeutet.

Träume
Falls Sie keine Lebensträume haben: Das Buch *Wishcraft* von Barbara Sher kann Ihnen helfen, diese zu entwickeln. Bearbeiten Sie die Kapitel bis zum »idealen Tag«.

Chancen erkennen
Oft sind es nicht die Aufgaben oder die Job-Titel, die zufrieden machen, sondern es sind ganz andere Aspekte – Sinn, Kollegen, Arbeitsbedingungen et cetera. Umgekehrt sind die wenigsten, die unzufrieden sind, im völlig falschen Job gelandet. Viele überschätzen ihren Veränderungsbedarf, weil sie sich an die positiven Dinge gewöhnt haben, während ihnen die negativen täglich ins Auge stechen. Deshalb ist es so wichtig, Klarheit über sich, seine Stärken und seine Ziele zu ge-

winnen. Dieses Coaching gibt Ihnen ein Raster an die Hand, mit dem Sie Alternativen bewerten können. Wenn man weiß, was man will, erkennt man auch plötzlich Chancen, an denen man sonst achtlos vorbeigegangen wäre.

Übung: Wofür bin ich dankbar?

Auch wenn man immer wieder schwierige Phasen des Scheiterns durchlebt, gibt es immer Dinge, die gelungen sind, die gut waren. Reflektieren Sie daher, wofür Sie dankbar sind. Was hat Sie glücklich gemacht, was hat Sie erfüllt? Denken Sie hier nicht nur an Ihren Job, sondern blicken Sie aus der Vogelperspektive auf Ihr gesamtes Leben. Dies kann helfen, die Bewertung von Misserfolgen oder störenden Umständen etwas zu relativieren.

Wie geht es weiter?
Meine Stärken erfolgreich einsetzen

Sie haben in diesem Coaching einiges über Ihre Stärken und Ihre Wünsche erfahren. Sie wissen nun besser, was Sie können und was Sie wollen. Überlegen Sie nun: Was ist die eine Stärke, auf die Sie sich in Zukunft verlassen möchten – und die Sie noch weiter stärken können? Und welchen einen Punkt möchten Sie ganz konkret verändern? Dann tun Sie das! Und wenn Sie mal nicht sicher sind, was Ihre Fähigkeiten und Wünsche sind, dann lesen Sie einfach die Antworten nach, die Sie in diesem Coaching gegeben haben.

BUCHEMPFEHLUNGEN ZUM WEITERLESEN

Barbara Sher: *Wishcraft,* Osnabrück: Edition Schwarzer, 2015.

Mithilfe von Biografiearbeit und Vorstellungsübungen führt die 2020 verstorbene US-amerikanische Autorin Barbara Sher die Leser im ersten Teil des Buchs an ihren idealen Tag heran. Der zweite Teil zeigt, wie man diese Träume schrittweise erfolgreich umsetzen kann. Auf humorvolle Art wird das Thema Job auf diese Weise zu einem Teil der Lebensplanung. Der Klassiker der Zielfindungsbücher von 1978 ist geeignet für verkopfte Leser, die sich selbst überlisten wollen.

Richard Nelson Bolles, Katherine Brooks: *Durchstarten zum Traumjob – das ultimative Handbuch für Ein-, Um- und Aufsteiger,* Frankfurt am Main: Campus, 2021.

Zehn Jahre lang stand das 1970 veröffentlichte Buch des US-amerikanischen Pastors und Beraters auf der Bestsellerliste der »New York Times«. Bolles war überzeugt, dass jeder einen Job finden kann, der den eigenen Stärken entspricht. Sein Ansatz wird immer noch in Workshops eingesetzt, etwa von Madeleine Leitner, Expertin des Coachings »Potenziale entdecken«. Das von Katherine Brooks aktualisierte Buch eignet sich für alle, die sich im Beruf neu orientieren wollen.

Wolfgang Mayrhofer, Michael Meyer, Johannes Steyer: *Macht? Erfolg? Reich? Glücklich?*, Wien: Linde, 2005. Das Autorenteam wollte wissen, welches die Faktoren für eine erfolgreiche Karriere sind. Hilft es, die Ellenbogen auszufahren? Ist das Elternhaus entscheidend? Um Antworten zu finden, betrachteten sie drei Generationen und fanden Überraschendes. Zum Beispiel, dass Frauen sich als erfolgreicher empfinden, als sie es sind. Bei Männern verhält es sich umgekehrt. Passend für jene, die ihre Strategien kritisch beleuchten wollen.

Malcolm Gladwell: *Überflieger,* München: Piper, 2010. »Warum manche Menschen erfolgreich sind – und andere nicht« lautet der Titel dieses leider nur noch antiquarisch erhältlichen Bestsellers, der von einem Starautor des »New Yorker« verfasst wurde. Gladwell erklärt, dass nicht mal Genialität unbedingt zum Erfolg führt. Denn es gibt viele andere und vor allem äußere Faktoren, die Einfluss auf die Karriere haben. Dazu gehören Übung, die gesellschaftliche Herkunft und die Attraktivität von Menschen. Hilfreich für alle, die über sich hinausblicken wollen.

KAPITEL 2

Blockaden lösen

Aus Fehlern lernen

Etwas ist danebengegangen? Kein Problem! Mit Teamgeist und Ehrlichkeit versuchen Betriebe, ihre Pannenbilanz zu verbessern – und aus Schaden klug zu werden.

Von Johannes Saltzwedel

Dumm gelaufen, damals im Paradies: Hätte Eva nur nicht auf die Schlange gehört, hätte sie dann nicht auch noch ihrem Gatten die verbotene Frucht hingehalten – hätte, hätte, Fahrradkette. Prägnant resümiert der Spruch eines inzwischen vergessenen Kanzlerkandidaten Frust, Scham und Reue, aber auch das Achselzucken: Tja, shit happens, sehen wir mal zu, ob sich's wieder richten lässt.

Heute, wo im globalen Wirtschaftsdschungel eine voreilige Entscheidung, ja ein zu rasches Wort den Ruin heraufbeschwören kann, würden sich Manager den allzu menschlichen Makel des Fehlermachens am liebsten ganz abtrainieren.

Aber was tun mit dem Fußvolk, der hoffentlich gefügigen Belegschaft? Für deren Optimierung empfehlen Berater – gegen Honorar, versteht sich – die »Fehlerkultur«. Ausrutscher nicht ahnden, sondern offen analysieren, frühe Meldung von Missgeschicken loben, Ehrlichkeit fördern: So und ähnlich lauten die Empfehlungen. Eine ganze Sparte der Unternehmenspsychologie hat sich darauf verlegt, reuigen oder bloß ängstlichen Entscheidern beizubringen, wie man als Team aus Schaden klug, zumindest schlauer werden könnte.

Begonnen hat der Trend schon vor mehr als einem Jahrhundert in der Pädagogik. Drang 1896 das Fachblatt »Die Kinderfehler« noch unerbittlich auf moralische Richtlinien, warb der Erziehungswissenschaftler Hermann Weimer *(Der Weg zum Herzen des Schülers)* 1925 in einer »Psychologie des Fehlers« bereits für den verständnisvollen Umgang mit Irrtümern. Seither haben Experten wie der Schweizer Fritz Oser in der Lehrerbildung weitgehend durchgesetzt, dass auch verkehrte Antworten als Erkenntnisgewinn gelten können. »Negatives Wissen«, dem im Gedächtnis das Etikett »falsch« oder »so nicht« anhaftet, ist schließlich durchaus etwas wert, und handele es sich bloß um die simple Scheu vor der Kerzenflamme.

Doch was ist überhaupt ein Fehler? Reicht es aus, das unabsichtliche Danebenliegen ziemlich antiautoritär als »Frustration von Erwartungen« zu beschreiben? Oder ist es doch eher, in Anlehnung an eine Richtlinie des Deutschen Instituts für Normung, die »Nichterfüllung einer Anforderung«? Muss man gar, wie im Fachjargon der Pädagogen üblich, Kompetenz- und Performanzfehler trennen oder noch feinere Unterscheidungen einführen?

Wer das von den Brüdern Grimm begonnene große *Deutsche Wörterbuch* aufschlägt, stellt fest, dass zuerst unter Bogenschützen, dann auch im Glücksspiel vom Risiko die Rede war,

»einen fäler schieszen« zu können. Wiedergutmachen lässt sich in solcher Lage freilich nicht mehr viel; wohl auch ein Grund, weshalb in Seminaren über Fehlerkultur selten Einzelkämpfer wie Drahtseilartisten, Violinvirtuosen, Messerwerfer, Schachathleten oder Sprengmeister gesichtet werden.

Umso eher sind dort Führungskräfte anzutreffen, die Hilfe suchen, bevor es zu spät ist. »Werden kritische Fehler negiert und der weitere Fehlerverlauf nicht gestoppt, steigen die Fehlerkosten«, mahnt die Wiener Managementtrainerin Elke M. Schüttelkopf. Wie sich ein kleines Missgeschick zum Desaster auswachsen kann, durch Untugenden, das schildern Gabriele Cerwinka und Gabriele Schranz in ihrem Ratgeber *Fehler erlaubt*.

Expertenhörigkeit, Herdentrieb, Kompetenzwirrwarr oder Duckmäuserei sind nur einige besonders wirksame Methoden, wie man verfahrene Situationen in komplette Ausweglosigkeit manövriert. Passende Redensarten während der Fahrt vor die Wand lauten »Das haben wir schon immer so gemacht«, »Da gibt es klare Vorschriften« oder »Das kann man dem Chef aber so nicht sagen«. Das Repertoire kennt jeder: Fehler verschweigen, sich ahnungslos stellen, vertuschen, einen Schuldigen suchen, Ausreden erfinden – nur weil niemand zugeben mag, etwas verbockt zu haben.

Als Abschreckung vor diesen Übeln haben frühere Regime die Inquisition oder Tribunale von »Kritik und Selbstkritik« erfunden. Doch hochnotpeinliche Bußverfahren sind nach Überzeugung heutiger Firmenpsychologen nur schädlich für das Betriebsklima. Eine gute »Fehlerkultur« lebe vielmehr von Vertrauen, Offenheit und Lernbereitschaft im

Team. Kleine Fehler begehen zu dürfen verhindert sogar, dass fatal große passieren, hat der Ludwigsburger Pädagoge Martin Weingardt beobachtet. Statt Sündenböcke zu suchen, sollte man lieber versuchen, es gemeinsam besser zu machen.

Das klingt zwar nach Sonntagspredigt, hat sich aber in der Praxis im großen Maßstab bewährt. Nach dem Vorbild etwa des »Toyota Production Systems«, in dem die sorgsame Analyse von allem, was schiefgelaufen ist, als wesentlicher Teil der Firmenphilosophie des »Kaizen« (japanisch für: Veränderung zum Besseren) festgeschrieben ist, haben sich mittlerweile viele global organisierte Konzerne Strategien zugelegt, wie man aus Schaden klüger wird. Andere schwören auf das Konzept der von militärisch-industriellen Großbetrieben entwickelten »Fehlermöglichkeits- und Einflussanalyse«, die schon vor dem Start eines Projekts anlaufen kann.

Natürlich braucht ein mittelständischer Handwerksbetrieb nicht gleich eine Vollzeitstelle fürs Fehlermanagement einzurichten. Es hilft schon wahrzunehmen, dass man auf mindestens drei organisatorischen Ebenen etwas gegen Irrläufe tun kann: bei der Aufstellung von Prinzipien, beispielsweise Ehrlichkeit oder Transparenz, bei der Verteilung von Kompetenzen, aber auch beim Instrumentarium – vereinfacht gesagt: beim Wollen, Können und Dürfen.

Wem das immer noch zu abstrakt erscheint, der kann sich, um der ersehnten Fehlerkultur ein Stückchen näherzukommen, fürs Erste ein paar eingängige Slogans aus dem Fundus der Beraterinnen Cerwinka und Schranz einprägen. »Handeln statt hadern« oder »Die Ja-Sager-Kultur hat ausgedient« – solche Sprüche motivieren Chefs und Team lustvoll für den Aufbruch in die schöne neue patzerfreiere Welt.

Befürworter der Fehlerkultur wie Elke Schüttelkopf schwören auf das Mantra: »Prozesse werden kontinuierlich verbessert.« Am Ende des Optimierungsweges stünden also logischerweise entspannte Arbeitnehmer, strahlende Chefs, brummende Betriebe – und arbeitslose Trainer für Fehlerkultur. Aber bis dahin wird es wohl doch noch ein Weilchen dauern.

Interview

»Nur wer nichts macht, macht auch nichts falsch«

Ob man gescheitert ist, wenn man einen Fehler macht, oder ob das die Chance für Innovation bedeutet – das ist eine Frage der Kultur. Der Wirtschaftspsychologe Michael Frese plädiert für einen souveränen Umgang mit Pleiten, Pech und Pannen.

Ein Interview von Susanne Weingarten

SPIEGEL: Herr Frese, in Deutschland kann ein Missgeschick schnell zum Karriereknick führen. Reagieren andere Gesellschaften auch so drastisch?

Frese: Nein, Gesellschaften unterscheiden sich erheblich in ihrer Toleranz gegenüber Fehlern. In manchen gilt: Mal etwas falsch zu machen ist ein ganz normales Verhalten jedes Menschen. Darum wird das nicht gleich abgestraft. Sehr entspannt sind da beispielsweise die Philippinen oder Venezuela. In anderen Ländern, beispielsweise Deutschland, Israel oder Frankreich, gilt: Jede Panne ist ein Problem und besonders negativ besetzt. Deutschland zeichnet sich durch hohe Fehlerintoleranz aus.

SPIEGEL: Was hat das für Folgen? Geht denn dadurch bei uns weniger schief?

Frese: In Deutschland fließt tatsächlich viel Zeit und Energie in die Planung, um Abläufe möglichst fehlerfrei zu machen. Wir legen als Gesellschaft großen Wert darauf, Unsicherheiten zu vermeiden. Darum denken wir viel darüber nach, was möglicherweise schiefgehen könnte. Das ist auch okay. Wir machen ja Fehler nicht, weil es Spaß macht, sie zu machen. Und wenn es um Dinge wie Atomkraftwerke geht, würde ich sagen, dass mir ein deutsches AKW allemal lieber ist als eines aus einem Land, in dem man sich nicht so ausgiebig damit beschäftigt, was alles passieren könnte.

SPIEGEL: Aber diese Angst vor Pleiten, Pech und Pannen hat auch Nachteile?

Frese: Natürlich, sie verhindert Innovationen. Wenn ich Dinge verändern und erneuern will, weiß ich, dass ich unweigerlich Fehler machen werde: In jeder Erneuerung steckt Risiko. Von daher wird jede Innovation problematisch, wenn der Impuls zur Vermeidung von Unsicherheit in einer Gesellschaft sehr hoch entwickelt ist.

SPIEGEL: Können wir lernen von der positiven Einstellung zum Scheitern, wie sie etwa im Silicon Valley propagiert wird?

Frese: Ich glaube, ja. Als ich Mitte der Achtzigerjahre mit der Fehlerforschung begonnen habe, war das Thema noch überall tabuisiert. Die Betriebe, bei denen wir angefragt haben, antworteten alle: Fehler gibt's bei uns gar nicht. Heute dagegen ist jede Firma offen für die Idee, dass Irrtümer und Fehlentscheidungen ein normaler Bestandteil von Leistung sind. Denn die beste Methode, Schnitzer zu vermeiden, ist noch immer das Nichtstun. Nur wer nichts macht, kann auch nichts falsch machen. Im Silicon Valley aber sind sie schon viel weiter, dort haben sie erkannt, dass Scheitern – etwa ein Bankrott – ein Indikator dafür sein kann, dass jemand etwas jetzt besser kann, gerade weil er diese Lernerfahrung gemacht hat. Bei uns dagegen sagt man noch immer: Das ist ein gescheiterter Mensch, der hat ein Problem.

SPIEGEL: Wir verorten das Manko also im Menschen selbst, in seiner Persönlichkeit, statt in seinem Handeln?

Frese: Genau. Es gibt große Unterschiede, wo eine Gesellschaft die Ursachen für Fehler ansiedelt. Unterläuft in Japan jemandem ein Lapsus, dann werden die Gründe etwa darin gesucht, dass er nicht hart genug gearbeitet hat. Das heißt aber gleichzeitig, er kann sich rehabilitieren, indem er aus seinem Versagen lernt, Fleiß zeigt und sich dadurch verbessert. In Deutschland dagegen wird ein Fehler als Zeichen dafür gewertet, dass jemand zu dumm ist und es einfach nicht kann.

SPIEGEL: Ein sehr statisches Menschenbild.

Frese: Vor allem ist es nicht hilfreich, weil es Menschen keine Lernfähigkeit zugesteht. Ich glaube aber, dass man dieses Bild durch hartnäckige Überzeugungsarbeit abbauen kann. Die Rechtslage hat sich bei uns zum Glück schon gravierend verändert: Wenn man früher als Unternehmer in den Bankrott gegangen war, bekam man das nie mehr weg. Das ist inzwischen anders, unser Insolvenzrecht ist relativ progressiv.

SPIEGEL: Sie haben ein Fehlertraining entwickelt. Was lernt man da?

Frese: Wenn du einen Bock geschossen hast, sei froh, denn daraus kannst du etwas lernen. Aber du musst den Fehler als Chance nutzen. Das heißt: Reagiere nicht blind, sondern denk nach, warum die Sache danebengegangen ist. Erst wenn man die Ursache verstanden hat, kommt man weiter.

SPIEGEL: Sollten sich in Zeiten von Umbrüchen wie der Digitalisierung alle Unternehmen mehr mit Fehlern beschäftigen?

Frese: Wann immer Komplexität und Beschleunigung aufeinandertreffen, machen wir mehr Fehler. Das geht gar nicht anders. Daher ist das Fehlermanagement in der Tat ein zentrales Problem. Wir müssen lernen, souveräner damit umzugehen.

Mein Erfolg ist doch nur Zufall?

Die Autorin Sabine Magnet über Selbstzweifel und das »Impostor«-Phänomen.

Ein Interview von Julia Wadhawan

SPIEGEL: Frau Magnet, Selbstzweifel sind normal und können uns beispielsweise vor Fehlern bewahren. Wo liegt der Unterschied zum »Impostor«-Phänomen?

Magnet: In dem Moment, in dem dich diese Zweifel blockieren, wird es problematisch. Wenn du nach drei Jahren im Job immer noch jeden Tag Angst hast und unsicher bist, ist das nicht gesund.

SPIEGEL: Wie sind Sie darauf gekommen, ein Buch über dieses Gefühl zu schreiben?

Magnet: Durch ein Gespräch mit einer Freundin. Sie ist Fotografin, und zwar eine ziemlich gute. Ich wollte ihr zu einer Arbeit gratulieren, und sie redete ihren Erfolg nur schlecht: Sie habe Glück gehabt, das Licht sei gut gewesen, die Leute nett und so weiter. Ich musste sie regelrecht von ihren Fähigkeiten überzeugen. Irgendwann sagte sie: »Ich habe Angst, dass jemand merkt, dass ich nur bluffe.« Das hat mich sehr getroffen, weil ich gemerkt habe, dass ich oft genauso fühle. Also begann ich zu recherchieren und stellte fest: Wir sind nicht allein. Es gibt sogar viele wissenschaftliche Studien dazu.

SPIEGEL: Woher kommt das Gefühl, nichts zu können?

Magnet: Das hat viele Ursachen: Zum einen beeinflusst unsere Veranlagung, welches Verhältnis wir zum eigenen Können haben. Wer introvertiert oder perfektionistisch ist, neigt beispielsweise eher zu dem Phänomen. Zum anderen gibt es eine soziale Prägung: Wie sind wir aufgewachsen, wie wurde in unserer Familie mit Leistungen umgegangen? Haben unsere Eltern uns beigebracht, dass wirklich intelligente Menschen nicht lernen müssen? Oder wurden wir ständig für jeden Quatsch gelobt? Dann wird man bei der ersten Fünf in Mathe vielleicht einen riesigen Schock bekommen haben, weil diese Information nicht mit der Selbstwahrnehmung übereinstimmt.

SPIEGEL: Gibt es typische Situationen, die diese Selbstzweifel auslösen?

Magnet: Ja, ein neuer Job, eine neue Aufgabe. Oder wenn man einer Minderheit angehört, zum Beispiel als einzige Frau in der Führungsriege, als einziger Schwarzer im Kollegenkreis oder als erstes Familienmitglied, das auf die Uni geht. Das Gefühl, nicht dazuzugehören und zu Unrecht dort zu sein, wo man ist, ist ein guter Nährboden für das Impostor-Phänomen.

SPIEGEL: Aber bluffen wir nicht alle manchmal?

Magnet: Das stimmt, Bluffen ist Teil des Lebens. Es ist total normal, etwas zu tun, von dem man keine Ahnung hat, egal, ob das ein Job ist oder ob man zum ersten Mal Vater wird. Und es ist total natürlich, dass uns das Angst macht. Wir liegen aber falsch mit der Annahme, dass alle anderen es total draufhaben und vollkommen souverän ihr Leben meistern. Die Wahrheit ist: Niemand checkt das Leben so richtig. Nur gibt das eben auch niemand gern zu.

SPIEGEL: Stimmt es, dass Frauen sich eher als Hochstaplerinnen wahrnehmen als Männer?

Magnet: Ein Großteil der Studien bestätigt diese Annahme nicht – außer bei Wissenschaftlerinnen. Sie leiden deutlich häufiger darunter. Es gibt aber einen Zusammenhang zwischen den Attributen, die man sich zuschreibt, und dem Phänomen: Menschen, die sich eher stereotyp weiblich beschreiben – also als fürsorglich, nett, sozial –, leiden eher darunter.

SPIEGEL: Ein Klischee beeinflusst so stark die Selbstwahrnehmung?

Magnet: Es hat mich während der Recherchen auch überrascht, wie sehr Geschlechterrollen unser Verhalten beeinflussen, ob wir wollen oder nicht. Du wächst mit einem bestimmten Bild davon auf, wie zum Beispiel Frauen sind oder sein sollten. Vielleicht denkst du unterbewusst, Mathe eher nicht zu können – obwohl du richtig gut bist. Dann wirst du später wahrscheinlich denken, du hättest Erfolge in diesem Bereich nicht verdient.

SPIEGEL: Wie wirkt sich das Impostor-Phänomen auf die eigene Arbeit aus?

Magnet: Menschen kompensieren unterschiedlich. Es gibt die »Over-Doer« und die »Under-Doer«. Die einen sind perfektionistisch veranlagt und knien sich so sehr in die Arbeit, dass sie vielleicht ausbrennen. Die anderen prokrastinieren oder sabotieren sich absichtlich selbst, indem sie etwa am Abend vor einer wichtigen Prüfung oder Präsentation saufen gehen. Beides ist weder gut für uns selbst noch für andere. Zum einen stehen wir unter Dauerstress, und der macht krank. Und dann hält uns diese Angst davon ab, unser Potenzial auszuschöpfen. Wir bewerben uns nicht auf die coole Stelle oder melden uns in der Besprechung nicht zu Wort, weil sonst ja rauskommen könnte, dass wir eigentlich keine Ahnung haben. Am Ende ist das auch schlecht für Unternehmen, weil viele Ideen verloren gehen.

SPIEGEL: Und wie findet man zu einer adäquaten Selbsteinschätzung?

Magnet: Vielen hilft allein die Information über das Impostor-Phänomen enorm. Oft ist es ja kein bewusstes Gefühl, sondern nur ein negatives Grundrauschen. Du fühlst dich einfach komisch. Zu merken »Das ist also mit mir los« hilft schon vielen. Und zu erfahren, dass es anderen auch so geht. Ein sehr beliebter Ratschlag ist auch das Führen eines Erfolgstagebuchs. Man schreibt jeden Tag alle Erfolge auf, auch die kleinen: dass man die unangenehme E-Mail endlich abgeschickt oder ein Projekt angestoßen hat. Nach einiger Zeit hat man es schwarz auf weiß und kann es nicht mehr leugnen: Ich habe wirklich etwas gemacht, und mein Erfolg ist ein Resultat dessen.

SPIEGEL: Gibt es noch weitere Ansätze?

Magnet: Andere arbeiten mit dem Konzept des Mitgefühls für sich selbst – »self-compassion«. Das kommt aus dem Buddhismus. Ziel ist, sich selbst anzunehmen mit all seinen Schwächen. Sich zu lieben, auch wenn man versagt. Das wirkt wissenschaftlich erwiesen gegen Impostor-Gefühle. Wenn die Probleme sehr groß sind, hilft ein Coaching oder eine Therapie.

SPIEGEL: Und was tun Sie heute, wenn Sie das Gefühl überkommt, nichts zu können?

Magnet: Mir helfen zwei Dinge. Das eine ist ein Zitat von Viktor Frankl, einem österreichischen Psychiater und Neurologen: »Man muss sich von sich selbst auch nicht alles gefallen lassen.« Das bringt mich immer runter. Frankl war Holocaust-Überlebender. Wenn der das konnte, dann kann ich das auch.

SPIEGEL: Und das andere?

Magnet: Humor. Am Ende ist das doch total witzig: Alle haben die ganze Zeit Angst. Ja, wovor denn eigentlich? Niemand weiß, was wir hier eigentlich machen. Und trotzdem tun alle so, als hätten sie alles beieinander. Eigentlich spielen wir doch nur ein Riesentheater.

CHECK

Der Feind an meinem Schreibtisch

Stehen Sie sich im Berufsleben selbst im Weg? Schieben Sie wichtige Dinge auf, oder sabotieren Sie sich? Mit diesen Checklisten erfahren Sie, welche Blockaden Sie aufgebaut haben – und wie Sie innere Hindernisse überwinden können.

Manchmal sabotiert man sich selbst. Natürlich nicht absichtlich, sondern weil es Unsicherheiten gibt über das eigene Wollen und Können. »Blockaden entstehen so gut wie immer aus einem Mangel an Klarheit«, sagt die Managementberaterin Petra Bock, die sich seit Jahren unter anderem mit der Frage beschäftigt, wie Menschen sich im Beruf und auch im Alltag das Leben schwer machen und wie sie das ändern können.

In ihrer Praxis beobachtet Bock bei ihren zum Teil ganz jungen, zum Teil sehr erfahrenen Klienten und Klientinnen großes Unwissen, was die eigenen Wünsche, Ziele und Fähigkeiten betrifft. Das führt zu Fehlentscheidungen oder Ambivalenzen, die unweigerlich eine gewisse Selbstsabotage nach sich ziehen. Die oft von den Eltern übernommene

Überzeugung, dass man an einem Arbeitsplatz bleiben muss, an dem man sich quält, ist für gut qualifizierte Menschen heute komplett überholt. »Wenn man solche Glaubenssätze nicht entdeckt, können sie sehr hinderlich sein«, sagt Bock.

Mit den Checklisten können Sie prüfen, in welchen Bereichen Sie frei und energievoll arbeiten und wo Sie sich selbst behindern. Sie finden auch Anhaltspunkte, wie Sie kognitive oder emotionale Blockaden überwinden – und schwungvoller als bisher arbeiten können.

MEHR WISSEN

Wer unter dem Hochstapler-Syndrom leidet, ist überzeugt, dass der Bluff früher oder später auffliegt – und alle sehen, dass man in Wahrheit gar nichts kann. Wissenschaftlerinnen der Universität Frankfurt haben herausgefunden, dass diese Menschen überzeugt sind, die anderen hätten riesige Erwartungen an sie. Sie selbst haben jedoch nicht den Anspruch an sich selbst, perfekt und großartig zu sein. Hinter dem Hochstapler-Gefühl stecken also Ängste, von anderen negativ bewertet zu werden, und das Bedürfnis, Wertschätzung zu erfahren. Interessant ist, dass Menschen mit Hochstapler-Syndrom an Arbeitskolleginnen, Partner oder Kindern keineswegs perfektionistische Maßstäbe anlegen.

Aufgabe

Beantworten Sie die Aussagen auf den folgenden Listen mit »Ja« oder »Nein«. Wenn Sie sich nicht sicher sind, wählen Sie die Antwort, die eher passt. Zählen Sie alle »Ja«-Antworten zusammen, und notieren Sie die Zahl im Ergebnisfeld.

1

Ja Nein

Der Arbeitsmarkt ist unübersichtlich und hart – man muss sich sehr anstrengen, um nicht rauszufallen.

Während der Arbeit habe ich häufig das Gefühl, dass ich gut aufpassen muss, um keine Fehler zu machen, die mir auf die Füße fallen könnten.

Ja Nein

Ich fühle mich in der Arbeitszeit oft unbehaglich ☐ ☐
und frage mich, wie ich glimpflich durch den Tag
kommen kann.

Ich denke schon, dass Chefs oder Kunden wichti- ☐ ☐
ger sind als ich. Danach muss ich mich im Arbeitsleben richten.

Manchmal habe ich Angst, meine Arbeit zu ver- ☐ ☐
lieren und dann sozial abzusteigen oder »unter der
Brücke zu landen«.

Ergebnis: _____ x **Ja**

2

Ich kenne meine beruflichen und persönlichen Zie- ☐ ☐
le und bewege mich darauf zu.

Ich will meine Fähigkeiten nutzen, habe bestimm- ☐ ☐
te Werte, die mir wichtig sind. Diese sollen in meinem Arbeitsleben eine Rolle spielen.

Ein fairer Umgang miteinander, ein Team, das an ☐ ☐
einem Strang zieht – ich achte darauf, in so einer
Atmosphäre arbeiten zu können.

Ja Nein
☐ ☐

Meine beruflichen Visionen sind klein/mittel/ groß – aber ich weiß ungefähr, was mir wichtig ist, und orientiere mich daran.

☐ ☐

Ich denke, es ist relevant und auch möglich, dass man bei der Arbeit das Gefühl hat, in etwa am richtigen Platz zu sein.

Ergebnis: _____ x **Ja**

3

☐ ☐

Manchmal habe ich Angst, dass andere mich als Blender entlarven und ich meinen Job verliere.

☐ ☐

Wenn eine Kleinigkeit schiefläuft, entwickle ich oft starke Selbstzweifel.

☐ ☐

Obwohl ich meine Arbeit gut mache und diese Rückmeldung oft bekomme, bin ich unsicher: So gut kann ich die Sachen doch gar nicht!

☐ ☐

Manchmal fühle ich mich im Team ohne Grund isoliert und denke, dass ich wirklich alles richtig machen muss – sonst bekomme ich Ärger.

Ja   Nein

Freunde und Bekannte haben mir manchmal zurückgemeldet, dass ich mein Licht unter den Scheffel stelle.

Ergebnis: _____ x Ja

4

Ich brauche Druck und Deadlines, sonst kann ich nichts leisten.

Oft denke ich beim Arbeiten, ich müsste noch mehr machen, obwohl ich schon viel wegschaffe.

In ruhigeren Zeiten im Job habe ich manchmal ein schlechtes Gewissen. Ich werde doch nicht dafür bezahlt, dass ich herumsitze!

Ich habe im Job unglaublich viel um die Ohren, denke aber, dass ich das alles allein schaffen muss.

Führungsstrategien, Fremdsprachen, PC-Programme – mir fallen eine Menge Sachen ein, die ich noch lernen sollte.

Ergebnis: _____ x Ja

5

Ja　Nein

Ich muss für meine Arbeit immer brennen, sonst
bringt sie mir nichts.

Emotionen, Leidenschaft, immer wieder etwas
Neues – das ist es, was ich von Projekten und Aufgaben will.

Am Anfang eines neuen Jobs bin ich meist begeistert, aber schon bald verliere ich Interesse und En-
thusiasmus.

Manchmal fühle ich mich wie im siebten Himmel
bei der Arbeit, dann wieder ist es die Hölle. Dieses Hin und Her ist oft anstrengend.

Ich will bei Kolleginnen/Mitarbeitern/Kunden/
Schülern et cetera leuchtende Augen sehen – sonst
heißt das für mich, dass etwas nicht stimmt.

Ergebnis: _____ x Ja

6

Ja Nein

Manchmal bekomme ich ein tolles Angebot oder eine Chance und schwanke dann hin und her, ob ich das jetzt machen soll oder nicht.

Wenn ich berufliche Chancen bekomme, frage ich mich manchmal: »Will ich das wirklich?«, oder »Soll das jetzt schon alles gewesen sein?«.

Ich möchte etwas Neues anfangen, will aber keinesfalls weniger Geld verdienen als bisher.

Mehr Sicherheit oder mehr Freude bei der Arbeit? Ich kann mich nicht entscheiden. Deshalb trete ich auf der Stelle.

Auch andere haben mir schon manchmal gesagt, dass sie das Gefühl haben, dass mir Entscheidungen im Job schwerfallen.

Ergebnis: _____ x Ja

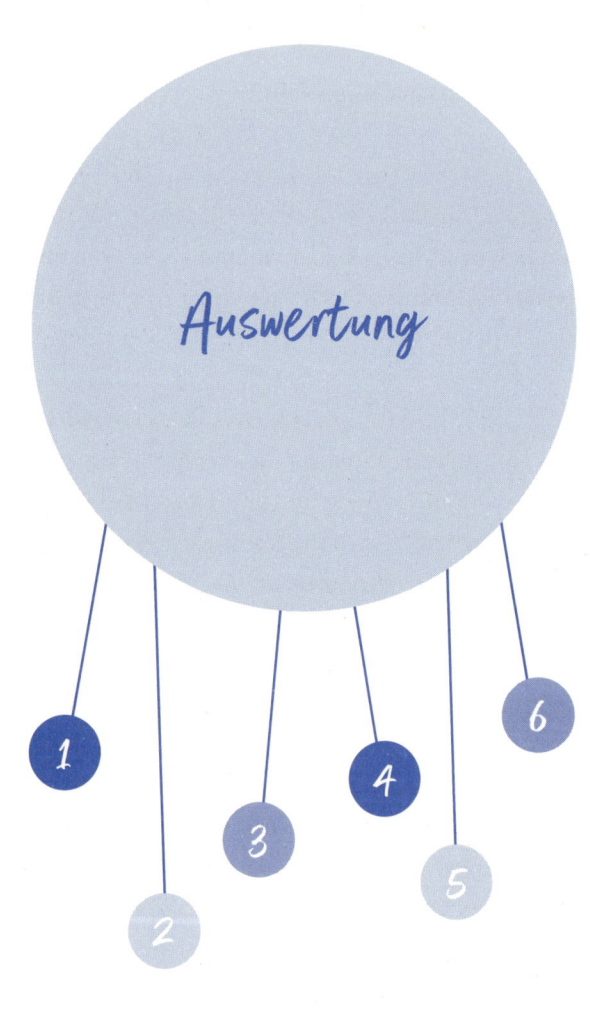

Auswertung

Ängste und Befürchtungen

Existenzsorgen kennt jeder. Falls Sie auf dieser Liste zweimal oder häufiger »Ja« angekreuzt haben, befürchten Sie vielleicht oft, etwas könnte in einer Katastrophe enden. Damit stehen Sie nicht allein da. Viele Menschen achten genau darauf, möglichst keine Fehler zu machen, oder befürchten im Job das Schlimmste. Doch viele dieser Ängste sind irrational. Wer gut ausgebildet ist, ausreichend Berufserfahrung und/oder Fachkenntnisse mitbringt, kann sich heute mit hoher Wahrscheinlichkeit immer weiterentwickeln und findet rasch angemessene Positionen.

Falls Sie also zu den Menschen gehören, die sich oft grundsätzliche Sorgen machen, ohne dass es dafür objektive Gründe gibt, könnten Sie überlegen, wie es Ihnen gelingen kann, alte Angst- und Perfektionismusmuster weniger wichtig zu nehmen. Stellen Sie sich dafür vor, wie Ihr Arbeitsleben sich anfühlen würde, wenn Sie sich diese Sorgen nicht machen würden. Spüren Sie einen Hauch Erleichterung? Dann probieren Sie unbedingt aus, wie es ist, sich mehr Zuversicht und Vertrauen zu gönnen. Wenn Sie Angstblockaden lösen, sehen Sie auch viel eher Ihre eigenen Möglichkeiten im Job, können klare Entscheidungen treffen und finden schneller passende Lösungen für anstehende Probleme.

Wenn Sie in dieser Checkliste weniger als zweimal mit »Ja« geantwortet haben, dann wissen Sie wahrscheinlich bereits, dass es die Arbeit beflügeln kann, wenn man sich nur sehr punktuell mit Existenzsorgen und Befürchtungen beschäftigt. Wichtig: Es geht nicht darum, blauäugig oder unvorsichtig zu sein. Eher ist es hilfreich, sich in einen gelassenen emotionalen und mentalen Zustand zu bringen.

Tipp: Übertriebene Befürchtungen werden in der Psychologie Katastrophendenken genannt. Um sie zu entkräften, hilft es, sie sich nüchterner anzuschauen: Denken Sie dafür an die letzte Situation, in der Sie einen kleinen Fehler gemacht und befürchtet haben, dass Sie deshalb Ihren Job verlieren könnten et cetera. Prüfen Sie nun objektiv, was danach wirklich passiert ist. Fragen Sie sich, wie wichtig dieser kleine Fehler für Sie, Ihre Chefin, Ihr Team in einem halben Jahr sein wird. Meist merkt man dann: Schon nach wenigen Wochen hat man den Fehler wieder vergessen – und alle anderen auch. Die Frage »Wie werde ich in einem halben Jahr darüber denken?« kann Ihnen zuverlässig helfen, sich von Katastrophenszenarien zu distanzieren.

Orientierung im Berufsleben

Unklarheit im Beruf begünstigt Selbstsabotage. Wenn Sie in dieser Liste dreimal oder häufiger mit »Ja« geantwortet haben, dann ist Ihnen wahrscheinlich bewusst, wie wichtig es ist, sich über Ziele, Werte, Wünsche klar zu sein und diese im Job als Kompass zu nutzen. Wenn Sie wissen, welche Fähigkeiten Ihnen leicht von der Hand gehen und welche Werte – zum Beispiel Gerechtigkeit, Nachhaltigkeit oder schlicht Freude bei der Arbeit – für Sie wichtig sind, können Sie sich selbstbestimmt danach ausrichten. Das Bewusstsein, den eigenen Weg gehen und die eigenen Ideen verwirklichen zu können, hilft nicht nur dabei, stimmig bei der Sache zu sein. Es vermindert oft auch »Aufschieberitis« und Ängste. Ein klares Ziel führt außerdem dazu, dass man kleine Hindernisse und innere Blockaden eher überwindet. Den motivierenden Effekt von Zielen kennt man etwa aus dem Sport.

Wenn Sie in diesem Check zweimal oder seltener mit »Ja« geantwortet haben, könnte es sich für Sie lohnen, sich mehr mit Ihren Zielen, Wünschen, Werten auseinanderzusetzen. Kennen Sie den Gedanken, dass Sie »funktionieren müssen« und dass ein Job »kein Wunschkonzert« ist? Solche Vorstellungen sind weit verbreitet, weitgehend überflüssig – und begünstigen Blockaden. Es kann für Sie hilfreich sein, sich mehr Gestaltungsräume zu gönnen und Wünsche und Fähigkeiten mehr in den Beruf einzubringen. Wichtig: Das alles heißt nicht, dass Sie sich auf die Jagd nach einem Traumjob begeben müssen. Versuchen Sie das, was Ihnen wichtig ist, in Ihren heutigen Job aktiv einzubringen.

 ## Mangelnde Selbstsicherheit

»Irgendwann werden die anderen merken, dass ich in meinem Job nicht so gut bin, wie sie gedacht haben.« Dieser Satz ist typisch für Menschen, die am wissenschaftlich gut untersuchten sogenannten Hochstapler-Phänomen leiden. Es führt dazu, dass Menschen ihr Können falsch einschätzen, ihre Fähigkeiten herunterspielen, oft mit der Angst beschäftigt sind, irgendwie aufzufliegen, und so zum Teil tatsächlich ihre beruflichen Chancen schmälern. Haben Sie in dieser Liste **dreimal oder häufiger mit »Ja« geantwortet,** dann sind Sie in Sachen Selbstvertrauen wahrscheinlich leicht zu erschüttern und leiden selbst möglicherweise an Hochstapler-Gefühlen.

Woher kommen solche Gefühle? Nicht selten sind sie Folge eines veralteten, an der Vergangenheit orientierten Selbstbildes – das neue Entwicklungen nicht mit einbezieht. So kann es sein, dass Sie sich immer noch als Berufsanfänger fühlen, obwohl Sie schon seit Jahren im Job stehen. Oder Sie sehen sich als Neuling in Sachen Führung, obwohl Sie schon seit mehreren Jahren ein Team leiten. Dann kann es helfen, Ihr Selbstbild mehr an den Jetzt-Zustand anzupassen. Wenn Sie in dieser Liste zweimal oder seltener mit »Ja« geantwortet haben, leiden Sie wahrscheinlich nicht unter Selbstzweifeln. Gut so! Das hilft Ihnen, beherzt und offen auf Ihre Aufgaben zuzugehen – Sie brauchen keine zusätzliche Energie, um vermeintliche Schwächen zu verstecken.

Tipp: Machen Sie eine Bestandsaufnahme, was Sie in den vergangenen fünf bis zehn Jahren dazugelernt haben. Legen Sie eine Liste mit Fähigkeiten und Erfolgen an. Überlegen Sie dann, was für ein neues berufliches Selbstbild sich daraus ergibt. Wenn Sie wollen, können Sie der neuen beruflichen Identität auch einen Namen geben, etwa »Profi-Kommunikatorin« oder »Kopf der Abteilung«. Erinnern Sie sich an diesen Titel, wenn Sie mal wieder von Unsicherheit und Zweifeln gequält werden.

 Zu viel Druck

Wissen Sie, was ein »innerer Antreiber« ist? So wird in der Psychologie die innere Stimme genannt, die immensen Druck macht, nie zufrieden ist und einem das Gefühl vermittelt, noch mehr leisten zu müssen. Wenn Sie in diesem Check dreimal oder häufiger mit »Ja« geantwortet haben, dann ist dieser innere Druckmacher Ihnen wahrscheinlich wohlbekannt. Die Auswirkungen auf den Beruf können unterschiedlich sein: Laut Coach Petra Bock führen stark ausgeprägte innere Antreiber bei Männern oft dazu, dass sie sich immer höhere Ziele stecken und glauben, ständig noch mehr leisten und lernen zu müssen, und sich dadurch verausgaben. Frauen glauben eher, perfekt sein und alle Anforderungen allein bewältigen zu müssen.

Ein gesundes Gleichgewicht aus Arbeit und Erholung ist in beiden Fällen unmöglich. Um sich nicht selbst zu erschöpfen und schon dadurch zu sabotieren, ist es wichtig, diese kritische Stimme häufiger als bisher ins Leere schallen zu lassen. Wenn Sie in dieser Liste zweimal oder seltener mit »Ja« geantwortet haben, dann haben Sie wahrscheinlich begriffen, dass Druck eine heillos veraltete Motivationstechnik ist, die auf Dauer mehr schadet als nützt. Bringen Sie also weiterhin Genuss und Gelassenheit in Ihren Alltag und Ihr Arbeitsleben. Auch das hilft dabei, Blockaden hinter sich zu lassen.

Tipp: Wenn Sie sich das nächste Mal bei der Frage ertappen, was Sie nun tun »müssen«, führen Sie sich vor Augen, dass Sie sich damit triezen und antreiben. Fragen Sie sich stattdessen: »Was könnte ich Schönes machen, was mir guttut?« Oder auch: »Wohin möchte ich mich beruflich entwickeln? Was finde ich lohnenswert?« Probieren Sie aus, wie es ist, sich mehr in Richtung Genuss und Freude zu orientieren, statt sich immer Leistung und Pflichterfüllung abzuverlangen. Das wird Ihre Motivation und Ihre Energie verändern.

Übermotivation

Sie haben in diesem Check dreimal oder häufiger mit »Ja« geantwortet? Dann sind Sie wahrscheinlich ein Mensch, der sich mit Euphorie und Leidenschaft motiviert. Das klingt zunächst mal gut, und Sie sind damit nicht allein. Doch der Anspruch, jedes Projekt mit maximalem Spaß und maximaler Leidenschaft durchzuführen, ist unrealistisch – und führt unweigerlich zu Enttäuschungen. Man ist bei der Arbeit auch mal müde, angeödet, Dinge gelingen nicht, müssen kritisch geprüft werden oder stagnieren. Diese vom Dramatiker Bertolt Brecht als »Mühen der Ebene« bezeichneten Situationen halten manche Menschen schwer aus.

Falls Sie sich in dieser Beschreibung wiederfinden, könnte es für Sie passend sein, Ihren Leidenschaftsbegriff und Ihre Erwartungen ans Berufsleben auf den Prüfstand zu stellen. Versuchen Sie zu akzeptieren, dass Sie sich im Job manchmal langweilen, dass Dinge zäh laufen oder Sie bestimmte hochgesteckte Ziele nicht erreichen. Das wird Sie vielleicht erst etwas frustrieren. Mittelfristig kann diese Erkenntnis aber Erleichterung bringen und dazu führen, dass Sie sich nicht zu sehr verausgaben oder immer wieder enttäuscht werden. Wenn Sie in dieser Liste zweimal oder seltener mit »Ja« geantwortet haben, gehen Sie ans Berufsleben recht nüchtern heran, sind bei der Arbeit zwar aufmerksam, verausgaben sich aber nicht vor lauter Euphorie. Behalten Sie diese Haltung bei.

Tipp: Stecken Sie Leidenschaft nicht mehr unreflektiert in ein Projekt, ein Team oder ein Produkt. Fragen Sie sich häufiger: »Warum will ich das machen?«, oder: »Welche Bedeutung hat diese Aufgabe für mich langfristig?« Mit solchen Fragen legen Sie die Leidenschaft bewusst in Ihre persönliche berufliche Entwicklung, statt sich vom Strohfeuer der Begeisterung des Teams oder der Chefetage anheizen zu lassen. Wenn Sie klar wissen, was Sie gut können und was Ihnen wichtig ist, könnten Sie diese Positionen leidenschaftlich vertreten. Üben Sie diese strategischere Art von Begeisterung.

 ## Ambivalenz

Entscheidungsschwierigkeiten sind weit verbreitet, doch ab einem bestimmten Punkt werden sie zu massiven Blockaden. Wenn Sie in diesem Check **zweimal oder häufiger mit »Ja« geantwortet** haben, kann es sein, dass Sie sich oft hin- und hergerissen fühlen und nicht genau wissen, welche beruflichen Wege Sie gehen sollen und wo Ihre Prioritäten liegen. Viele Berufsanfängerinnen bekommen heute im Arbeitsmarkt erstaunliche Chancen und zögern dennoch. Sie wissen nicht, ob die angebotene Position wirklich das ist, was sie wollen. Das lähmt sie. Auch einige alte Hasen blockieren sich mit Ambivalenzen und schwanken hin und her bei der Frage, ob sie sich auf dem Erreichten ausruhen oder ob sie noch mal was Neues wagen sollen und damit auch Annehmlichkeiten aufgeben.

In beiden Fällen hilft es, sich innerlich bewusst neu auszurichten und am inneren Kompass der Ziele, Werte und Wünsche zu orientieren. Werfen Sie noch mal einen Blick auf Ihre Antworten in Checkliste zwei. Wenn Sie auch dort festgestellt haben, dass Sie beruflich eher orientierungslos sind, kommen viele Ihrer Blockaden wahrscheinlich primär durch eine Unklarheit über eigene Ziele zustande. An dem Thema können Sie ansetzen. Haben Sie in diesem Check einmal oder gar nicht mit »Ja« geantwortet? Dann fallen Ihnen Entscheidungen wahrscheinlich eher leicht. Diese Klarheit in der eigenen Ausrichtung können Sie im Berufsleben gut nutzen.

Tipp: Besonders Berufsanfänger haben angesichts sehr guter Angebote oft das Gefühl, dass sie diesen Job dann »für immer« machen müssen, wenn sie sich dafür entscheiden. Durch diese scheinbare Endgültigkeit entsteht Unsicherheit. Es lohnt sich, den Blick zu öffnen und sich selbst die Erlaubnis zu geben, einen neuen Weg oder eine Position für zwei Jahre auszuprobieren und danach neu zu entscheiden, ob man bleibt oder geht. So macht man Erfahrungen, die helfen, in Zukunft noch klarere Entscheidungen zu fällen.

Wer ist am Zug?

Die Frage nach Selbstsabotage im Job führt Menschen zu sich selbst und ihren eigenen Unklarheiten. Auch wenn die Blockademechanismen sich ähneln, ist die Genese der hinderlichen Glaubenssätze oft sehr individuell. Ein Coaching kann deshalb auch in die eigene Familiengeschichte führen. Druck am Arbeitsplatz oder Unklarheiten in der Abteilung können die Blockademechanismen zwar auslösen, sind aber selten die Hauptursache. Daher lohnt es, sich mit den inneren Blockaden zu beschäftigen.

COACHING

Hindernisse abbauen

Es sind nicht immer die anderen, die es einem schwer machen. Oft steht man sich auch selbst im Weg. Eigentlich will man etwas verändern, aber dann geht man es doch nicht an. Dieses Coaching hilft Ihnen, die Mechanismen der Selbstsabotage zu erkennen – und diese Blockaden zu überwinden.

Dauer

Innere Blockaden sind individuell. Suchen Sie daher zunächst drei oder vier Punkte aus dem Coaching heraus, die am ehesten zu Ihrer Situation passen. Planen Sie dafür zwei Wochen ein. Machen Sie dann nach und nach die anderen Übungen, gern mit viel Zeit, beispielsweise zwei Monate lang. Haben Sie Geduld mit sich. Man braucht etwas Ausdauer, um emotionale und kognitive Muster zu verändern.

Schritt 1: Blockaden erkennen

Es gibt verschiedene Mechanismen der Selbstsabotage. In diesem ersten Schritt lernen Sie, besser einzuschätzen, welche Blockaden Ihnen im Weg stehen. Eine Bestandsaufnahme.

Übung

Gibt es berufliche Vorhaben, die Sie gern in die Tat umsetzen wollen, aber vor sich herschieben, nur halbherzig verfolgen oder immer wieder aus den Augen verlieren? Schreiben Sie hier ein solches Projekt auf:

Schauen Sie nun, welche Zweifel, Bedenken oder Ängste sich Ihnen bei dem Projekt in den Weg stellen. Notieren Sie hierzu einige Stichworte:

Kreuzen Sie an, welche Art von Sabotage oder Blockade dieses Projekt belastet (es können auch zwei oder drei sein):

☐ Angst und Katastrophendenken, etwa »Das wird schiefgehen« oder »Das bedroht meine Existenz«.

☐ Druck und Unerbittlichkeit, etwa »Das ist ein Luxusthema« oder »Du hast anderes zu tun«.

☐ Unsicherheit, etwa »Das kannst du nicht« oder »Was du dir wieder einbildest«.

☐ Ambivalenz, etwa »Ich weiß gar nicht, ob ich das wirklich will«.

☐ Bewertung, etwa »Damit machst du dich lächerlich« oder »Das passt nicht zu deinem Alter«.

☐ Konformität, etwa »So was macht keiner« oder »Die Regeln sind aber andere«.

☐ Mangelnde Orientierung, etwa »Ich weiß generell nicht, was ich will«.

☐ Anspruchsdenken, etwa »Ich warte lieber, bis jemand damit auf mich zukommt« oder »Ach, das ist mir doch zu anstrengend«.

Haben Sie sabotierende Glaubenssätze und Einstellungen gefunden? Im Laufe des Coachings lernen Sie, wie Sie diese entkräften und verändern können. Blättern Sie immer mal wieder zurück, und beziehen Sie sie, wenn es passt, in weitere Übungen aus diesem Coaching ein.

Schritt 2: Zurückschauen

Was Familienmitglieder beruflich gemacht haben, welche Arbeitshaltung in der Familie vermittelt wurde, das speist sowohl fördernde als auch sabotierende Überzeugungen und Bilder. Hier lernen Sie beide kennen – und finden einen neuen Umgang damit.

Hintergrundwissen

Viele heute verbreitete Glaubenssätze zu Arbeit, Leistung und Pflichterfüllung sind bereits in der ersten Hälfte des 20. Jahrhunderts entstanden oder stammen aus Zeiten hoher Arbeitslosigkeit in den 1970er- und 1980er-Jahren. Es lohnt sich deshalb, auf Spurensuche zu gehen und sich zu fragen: Woher kommen meine Überzeugungen zum Thema Arbeit? Was hat unsere Familie in den vergangenen Jahrzehnten geprägt? Was erwarten meine Eltern oder Großeltern beruflich von mir? Sehr viele Blockaden können Sie erst verändern, wenn Sie erkennen, was Sie geprägt hat, und wenn Sie sich die Erlaubnis geben, tradierte Bilder durch zeitgemäße zu ersetzen.

Reflexion

Die folgenden Fragen helfen Ihnen, Blockaden, Hindernisse und auch stärkende Sätze aus Ihrer Familie zu erkennen und besser zu verstehen.

1. Welche Einstellung zum Thema Arbeit kennen Sie aus der Großeltern- oder sogar Urgroßelterngeneration? Was wurde von diesen Generationen vermittelt, was haben sie vertreten? Welche dieser Einstellungen gefällt Ihnen – und nehmen Sie gern zum Vorbild? Welche dieser Einstellungen erscheinen Ihnen eher hinderlich? Schreiben Sie jeweils einen Satz auf.

Gibt es etwas, das Sie an den alten Überzeugungen gern verändern würden? Was würden Sie gern anders machen als Großvater, Großmutter, Urgroßvater oder Urgroßmutter?

2. Denken Sie nun an Ihren Vater. Welche Arbeitsethik oder Einstellung zu Job, Firma, Beruf hat er Ihnen vermittelt, was war ihm wichtig? Was davon fanden Sie gut und hilfreich? Was hat Ihnen nicht gefallen? Schreiben Sie zu diesen Fragen jeweils einen Satz.

Welche alten Sätze würden Sie gern hinter sich lassen? Was würden Sie gern anders machen?

3. Denken Sie abschließend an Ihre Mutter. Was war ihre Einstellung zu beruflichen Themen, zu Lernen oder Leistung? Was hat sie vermittelt? Was fanden Sie gut und hilfreich? Was möchten Sie weiterführen? Was finden Sie im Nachhinein hinderlich? Schreiben Sie auch zu diesen Fragen jeweils einen Satz.

Welche Blockaden würden Sie gern hinter sich lassen? Was würden Sie gern anders machen?

Greifen Sie hier nun die größte Blockade oder einen besonders hinderlichen Glaubenssatz auf, und schreiben Sie, was Sie gern anders machen würden beziehungsweise welche Haltung Sie diesem Satz entgegenstellen wollen.

Alte Blockade: _____

Neue Haltung: _____

> **Tipp:** Denken Sie auch noch mal zurück an Schritt 1: Wie sieht ein Tag ohne die einschränkenden Prägungen aus der Kindheit aus? Was ist dann möglich?

③ Schritt 3: Erwachsener arbeiten

Blockaden und Selbstsabotage im Job haben oft damit zu tun, dass Menschen in kindlichen Trotz zurückfallen oder unsicher und passiv sind. Oder sie lassen sich immer noch von früheren Drohungen der Eltern antreiben. Es lohnt sich deshalb, beim Arbeiten eine erwachsene Haltung einzunehmen. Hier finden Sie erste Hilfestellungen, mit denen das gelingt.

Hintergrundwissen

Vielleicht haben Sie schon mal davon gehört, dass Menschen im Alltag in unterschiedlichen Ich-Zuständen sind: Neben einem strengen Eltern-Ich (das uns Regeln und Ermahnungen mitgibt, aber auch sanktioniert oder lobt) gibt es auch einen Zustand, den man Kind-Ich nennt und in dem Menschen eher verzagt, bockig oder auch leicht und fröhlich sind. Beide Anteile werden durch ein Erwachsenen-Ich ergänzt, das im Hier und Jetzt agiert, den Überblick behält, das sachlich, kompetent und wach mit Situationen umgeht. Das Schema der Ich-Zustände geht auf die Transaktionsanalyse (TZA) zurück, wird aber auch oft im beruflichen Coaching genutzt.

Wichtig ist nun Folgendes: Alle drei Ich-Zustände gehören zur Persönlichkeit jedes Menschen. Im Beruf kommen Sie allerdings meist besser zurecht und finden angemessenere Verhaltensweisen, wenn Sie sich immer wieder ganz bewusst zurück in den Ich-Zustand des Erwachsenen bringen. Damit das gelingt, ist es wichtig zu erkennen, wann Sie im strengen Eltern-Ich oder im Kind-Ich agieren, und dann bewusst zu wechseln. Die folgenden Übungen helfen Ihnen bei der praktischen Umsetzung.

Übung 1

Schauen Sie sich nun Ihre individuellen Blockaden aus Schritt 1 an. Sind dies Blockaden, die aus dem Kind-Ich oder dem Eltern-Ich kommen? Wie könnten Sie diese Glaubenssätze so verändern, dass Sie eher aus dem mentalen und emotionalen Zustand eines Erwachsenen handeln können? Im Folgenden finden Sie vier Beispiele. Suchen Sie das aus, das für Sie passend ist.

Feststecken im Eltern-Ich. Im Joballtag kommt oft ein Druckmacher und Antreiber zu Wort, der ständig sagt: »Du musst jetzt das machen« und »Entweder du machst dies, oder es wird etwas Schlimmes passieren«.

Lösung: Fragen Sie sich aus dem Zustand des Erwachsenen heraus: »Was könnte ich tun, damit ich die Dinge in meinem Timing erledigen kann?« und »Mit wem müsste ich reden? Was umplanen?« oder auch »Was ist mir wichtig, und was sage ich ganz ab?«. Die Antworten helfen Ihnen dabei, in der Erwachsenenhaltung zu agieren und zu bleiben.

Bemuttern aus dem Eltern-Ich. Im Team sorgen Sie für alle, achten darauf, dass es der ganzen Abteilung gut geht, denken für alle mit. Sätze sind dann »Ich muss an alles denken« oder »Die anderen brauchen mich«.

Lösung: Fragen Sie sich: »Was ist für mich selbst wichtig und gut?« Antworten Sie: »Ich muss mich nicht um alle kümmern. Hier arbeiten keine Kinder, sondern Erwachsene.« Das hilft Ihnen, im Zustand des Erwachsenen zu bleiben.

Kindliche Angst und Katastrophengedanken. Sie haben manchmal Angst vor Vorgesetzten oder »denen da oben« und denken: »Wenn ich das mache, werde ich bestraft.« Oder Sie trauen sich Dinge nicht zu, denken: »Ich kann das nicht, ich bin schwach und klein.«

Lösung: Schauen Sie, was Sie schon alles geschafft und geleistet haben. Sagen Sie sich: »Ich bin kein Kind mehr – ich bin erwachsen und kann Aufgaben angemessen erledigen.« Versuchen Sie, den ganzen Arbeitstag in dieser Haltung zu bleiben.

Kindlicher Trotz und Verweigerung: Viele Menschen fühlen sich im Berufsleben immer mal wieder wie bockige Kinder. Sätze wie »Was will die Chefin jetzt schon wieder? Ich lasse sie auflaufen!« oder »Die sollen mich mehr loben. Dann arbeite ich auch« sind typische Haltungen eines trotzigen Kindes.

Lösung: Sie sind erwachsen! Nehmen Sie die kindlichen Anteile symbolisch an die Hand, versprechen Sie Trost oder Spiel oder Hilfe, wann immer das gewünscht ist – und setzen Sie sich dann sachlich und kompetent für Ihre Belange und Interessen ein.

Übung 2

Denken Sie jetzt an typische Situationen, in denen Sie im Job erwachsen und besonnen handeln oder gehandelt haben, in denen Sie sich voll im Erwachsenen-Ich fühlen: Welche Situationen sind das? Was machen Sie, und in welcher Haltung sind Sie dann unterwegs? Schreiben Sie Ihre Gedanken hier auf oder in Ihr Journal.

Nehmen Sie diese Energie des Erwachsenen jetzt ganz bewusst wahr, und überlegen Sie, wie er sich verhalten würde in Bezug auf Ihr Problem, Ihr Herzensprojekt aus Schritt 1 oder auf die Blockadesätze, die Sie oben angekreuzt haben. Was fällt Ihnen dazu ein?

Tipp: Interessieren Sie sich für Ich-Zustände und Grundgedanken der Transaktionsanalyse? Videos und Erklärungen finden Sie zum Beispiel auf dieser Webseite: https://www.transaktionsanalyse-online.de/

4

Schritt 4:
Prokrastination aufgeben

Sie haben sich etwas vorgenommen, trödeln aber herum, schieben es auf oder verschlampen Unterlagen, die nötig wären, um eine Aufgabe zu erledigen? Diese Art Aufschieberei ist weit verbreitet, ein Klassiker unter den hausgemachten Hindernissen. Hier lernen Sie ein Mittel gegen das Aufschieben kennen.

Hintergrundwissen

Für das Prokrastinieren gibt es ganz unterschiedliche Gründe. So kann es sein, dass einen das Ziel, auf das man hinarbeitet, in Wahrheit nicht interessiert und dass man es daher auch gar nicht erreichen will. Oder die Angst vor Veränderung ist größer als der Wunsch, etwas Neues zu machen. Dann bleibt man einfach, wo man ist. Sehr weit verbreitet ist aber noch ein dritter Grund: Wenn Menschen ständig in einem Ungleichgewicht zwischen Arbeit und Freizeit beziehungsweise Entspannung leben, sich selbst viel zu sehr triezen, ständig arbeiten oder zumindest von sich verlangen, sehr viel zu machen, entsteht als eine Art Gegengewicht eine Blockade, eine Bockigkeit – und man schiebt Dinge auf, lenkt sich ab, um durch die Hintertür ein bisschen Entspannung zu bekommen. Das ist leider kontraproduktiv. Besser ist: Man gönnt sich bewusst mehr schöne, freie Zeit.

Übung

Schreiben Sie eine Beispielsituation auf, in der Sie im Arbeitsalltag Aufgaben aufschieben oder Schritte, die Sie Ihrem Ziel näher bringen würden, nicht gehen. Was machen Sie, wenn Sie aufschieben? Womit lenken Sie sich ab?

Denken Sie daran, dass man trödelt oder sich drückt, wenn das Gleichgewicht zwischen Freiräumen und Arbeit nicht stimmt, und man sich innerlich sehr antreibt und sich viel Druck macht. Überlegen Sie, ob das auf Sie zutrifft beziehungsweise was Ihnen dazu einfällt.

Setzen Sie dem Druck etwas entgegen: Was könnten Sie an schönen, entspannenden, seelenvollen Dingen tun? Was würde Ihnen Freude machen? Wobei geht Ihnen das Herz auf? Schreiben Sie hier einmal zehn schöne kleine Dinge auf, die man in einer halben Stunde bis Stunde tun kann.

1. _____

2. _____

3. _____

4. _____

5. _____

6. _____

7. _____

8. _____

9. _____

10. _____

Gönnen Sie sich nun – statt weiter mit der Aufschieberei zu hadern – in den nächsten Tagen mindestens zwei dieser kleinen Dinge, und tun Sie das bewusst, statt zu arbeiten. Wählen Sie aus, welche der Tätigkeiten oder Freizeitbeschäftigungen Sie am meisten ansprechen.

Reflexion

Reflektieren Sie zum Abschluss, ob sich an Ihren selbst geschaffenen Blockaden etwas verändert, wenn Ihnen eine bessere Balance zwischen Arbeiten und Freimachen/Genießen gelingt.

Tipp: Falls Ihnen diese Übung ansatzweise hilft: Bauen Sie viel mehr freie und spielerische Zeiten in Ihr Leben ein.

Schritt 5:
Katastrophendenken überwinden

Bewertende Gedanken und emotional gefärbte Deutungen führen oft dazu, dass Menschen sich bei der Arbeit unnötig Sorgen und Druck machen. Hier lernen Sie einige typische kognitive Verzerrungen kennen – und erfahren, wie man diese entkräftet.

Hintergrundwissen

Aaron Beck ist einer der Begründer der kognitiven Verhaltenstherapie. Der Psychologe vertritt die Theorie, dass bestimmte psychische Erkrankungen wie Depressionen oft mit bestimmten Gedanken und Bewertungsmustern verbunden sind. Diese kognitiven Verzerrungen oder Fehler zeigen sich bei psychisch belasteten Menschen besonders stark, die Tendenz zur Verzerrung in der Bewertung haben aber fast alle Menschen. Sie zu erkennen und sich von ihnen zu distanzieren kann Ängste, Blockaden und den Hang zum Katastrophendenken auflösen.

Werkzeug

Hier finden Sie eine Liste mit typischen Denk- und Bewertungsfehlern. Dazu werden Alternativen vorgestellt, die Sie den kognitiven Verzerrungen entgegensetzen können. Kreuzen Sie an, welche der ungünstigen Bewertungs- und Denkmuster Sie aus Ihrem Arbeitsalltag kennen. Und schauen Sie auch schon auf die Alternativen:

Übergeneralisierung. Eine Kleinigkeit wird verallgemeinert, zum Beispiel aus der Tatsache »Diese Konferenz/dieses Telefonat/dieses Gespräch ist nicht rundgelaufen« wird sofort ein allgemeines »Es klappt nie« oder »Immer läuft es schief« oder auch »Ich mache alles falsch«.

Lösung: Um der Verallgemeinerung entgegenzuwirken, hilft es, ausschließlich die aktuelle Situation zu betrachten und sich darin zu üben, nur aus dieser Situation Schlüsse zu ziehen beziehungsweise sie mit einem »Dumm gelaufen« abzuhaken. Ein Satz, der passt, ist zum Beispiel: »Diese Situation war unglücklich. Viele ähnliche, über die ich gar nicht weiter nachdenke, gelingen mir.«

Dichotomes Denken. Sobald es zwei Handlungsmöglichkeiten gibt und man sich zwischen diesen entscheiden soll, verfällt man in Extreme und denkt, dass es nur richtig und falsch gibt. Typisch ist etwa die Vorstellung, dass es nur einen Weg zum Ziel gibt, und wenn man diesen nicht geht, erreicht man das Ziel nicht: »Entweder ich mache jetzt diese Aufgabe sofort komplett fertig, oder ich lasse den Stift fallen und sage der Chefin die Meinung.« Oder auch: »Ich muss mich richtig entscheiden: Soll ich A oder B machen? Alles hängt davon ab, ob ich hier die richtige oder die falsche Entscheidung treffe.«

Lösung: Es wirkt entlastend, wenn man sich Spielräume erlaubt und sich häufiger versichert: »Ich könnte dies tun, aber auch das oder auch was ganz anderes« und »Es kann auch ein Sowohl-als-auch geben«. Versuchen Sie immer, mehrere Möglichkeiten zu finden und nicht nur eine oder zwei. Dann öffnet sich der Blick bereits.

Personalisierung. Man bezieht Dinge, die äußerlich passieren, auf die man kaum Einfluss hat, auf sich selbst. Auch wenn keiner in der Abteilung eine Gehaltserhöhung erhalten hat, denkt man: »In meinem Fall liegt es an mir persönlich und meinen Fehlern.« Oder: »Die Abteilung ist unter Druck – aber dass mir das so viel ausmacht, zeigt, dass ich nicht belastbar bin.« Dieses Muster führt dazu, dass man immer und unangemessen alle Schuld bei sich sucht.

Lösung: Schauen Sie stärker auf die äußeren Umstände, und erkennen Sie, was dort belastend ist. Sagen Sie sich: »Die Umstände sind schwierig. Ich habe Schwierigkeiten, andere auch. Es liegt nicht an mir und meinen Fähigkeiten.«

Übertreibung. Aus einer Mücke einen Elefanten machen. Also: »Der Chef hat nicht gegrüßt, das bedeutet, er mag mich nicht.« Oder: »Die erste Resonanz auf diese Idee war nicht gut, ich gebe sie auf.«

Lösung: Betrachten Sie auch hier die Situation isoliert, und sagen Sie sich: »Das ist eine Kleinigkeit, das hat nichts zu bedeuten.« Oder: »Mal schauen, wie die Dinge sich auf lange Sicht entwickeln.«

Katastrophendenken: Aus einer kleinen, beunruhigenden Nachricht wird ein Katastrophenszenario, zum Beispiel wird aus der Ankündigung einer Umstrukturierung die Überzeugung: »Ich werde entlassen. Die ganze Branche ist tot. Wir werden alle untergehen.« Dieses Katastrophendenken wird oft in Teams durch Gruppendynamik, Flurfunk und Gerüchte angestachelt.

Lösung: Bleiben Sie erst mal gelassen. Versuchen Sie es mit dem Satz: »Lassen wir die Dinge mal auf uns zukommen.«

Kennen Sie eine der kognitiven Verzerrungen von sich selbst? Dann achten Sie in Zukunft darauf, wann Sie solche Gedanken haben. Welchen Satz aus dem Teil »Lösungen« könnten Sie Ihrer Neigung zur kognitiven Verzerrung entgegensetzen? Notieren Sie den Satz hier, und versuchen Sie, den Satz so zu formulieren, dass er Sie anspricht, stärkt und die Wortwahl zu Ihnen passt:

Übung

Wer im Stress ist, kann nicht mehr klar denken, schätzt Dinge falsch ein und gerät so leicht ins Katastrophendenken. Um dem etwas entgegenzusetzen: Greifen Sie die zehn schönen Dinge aus Schritt 4 auf, und wählen Sie eins davon aus, das Sie sofort tun können, sobald Sie hinderliche kognitive Verzerrungen bemerken.

Was verändert es, wenn man beunruhigenden Gedanken eine genussvolle oder gelassene halbe Stunde entgegensetzt?

6 Schritt 6: Fair bleiben

Viele Menschen bewerten sich sehr streng und sind damit unfair gegenüber sich selbst. Wenn Sie sich und anderen im Job freundlicher begegnen, überwinden Sie allein dadurch Blockaden und Hindernisse. Hier lernen Sie, sich selbst zu stärken, statt sich runterzumachen.

Sie finden im Folgenden eine Liste mit typischen beruflichen Themen und Situationen, in denen viele Menschen zu sich und zu anderen sehr unfair und hart sind. Reflektieren Sie, in welchem Bereich Sie unangemessen streng bewerten:

☐ **Thema Anfang:** Wenn jemand neu in eine Firma kommt, eine neue Aufgabe erhält, einem neuen Team zugeordnet wird, muss er sich erst mal orientieren. Gestehen Sie sich und anderen größere Spielräume und ein bisschen mehr Zeit zu. In den ersten Wochen und Monaten stellt man häufiger Fragen, man kennt noch nicht alle Abläufe und fühlt sich daher manchmal auch befangen oder unsicher.

☐ **Thema Fehler:** Jeder macht Fehler, jeder vergisst mal etwas, versteht etwas falsch. Das ist kein Anlass für grundsätzliche Abwertung und Gehässigkeit. Üben Sie sich in Fehlerfreundlichkeit bei sich selbst und bei anderen.

☐ **Thema Peinlichkeit:** Stottern im Meeting, Dreck am Schuh, ein blöder Witz, den niemand versteht. Jeder ist gelegentlich peinlich oder unsicher. Gestehen Sie es sich und anderen zu, nicht immer zu 100 Prozent souverän zu sein.

☐ **Thema Status und Alter:** Wenn es um die Frage geht, was man beruflich erreicht hat, sind sehr viele Menschen ausgesprochen streng mit sich und anderen. Typische Sätze sind dann »In meinem Alter sollte ich woanders stehen« oder »Jüngere im Team haben eine bessere Position, das ist ja blamabel«. Oder: »Ich habe einige meiner Ziele nicht erreicht und bin deshalb ein Versager.« Sagen Sie sich stattdessen: »Ich habe schon viel erreicht.« Oder: »Ich gebe mir die Zeit, die ich für meine Entwicklungen brauche.« Oder auch: »Es gibt immer jemanden, der es besser, schneller und toller macht.«

Haben Sie einen Punkt gefunden, an dem Sie freundlicher und fairer zu sich selbst und gegenüber anderen sein könnten? Dann tun Sie das einfach beim nächsten Mal. Versuchen Sie, die strengen, gehässigen Bewertungen sein zu lassen.

Tipp: Achten Sie mal darauf, in welchen Situationen Sie andere Menschen verurteilen. Das ist oft ein guter Gradmesser dafür, an welchen Punkten wir auch uns selbst gegenüber unglaublich streng sind. Beziehen Sie die Fairness und Gelassenheit immer auf sich und andere. Dann wird es leichter.

Schritt 7: Offener denken

Blockaden entstehen oft auch dadurch, dass wir überall Grenzen und Regeln sehen. Die Haltung »Das war bisher aber immer so« oder »Die Regeln sind so« bremsen und entmutigen Menschen im Job. Dagegen hilft kreatives Denken. Hier finden Sie Anregungen dafür.

Übung: Raus aus alten Mustern

Gibt es ein Problem im Job, das Sie hindert und lähmt? Eine Grenze, ein ungeschriebenes Gesetz, das Ihre Arbeit verlangsamt oder es Ihnen schwer macht, sich weiterzuentwickeln? (Wenn Ihnen nichts einfällt, können Sie auch zurückblättern zu Schritt 1 und sich auf das Projekt beziehen, das Sie bisher nicht umsetzen.) Wo sind Hindernisse? Wo sind Grenzen? Notieren Sie sie hier oder in Ihr Journal.

Stellen Sie sich vor, Sie dürften nun mit aller Wildheit, Verrücktheit und Fantasie nach Lösungen suchen. Was würden Sie tun, wenn es die bisherigen Regeln nicht gäbe? Was fällt Ihnen ein, wenn Sie alles, was Sie wissen, komplett gegen den Strich bürsten? Was entdecken Sie, wenn Sie Beschränkungen wie »So macht man es aber doch« ignorieren? Brainstormen Sie, und schreiben Sie Ihre Ideen auf.

Einiges von dem, was man beim kreativen Denken produziert, ist Spinnerei. Manches könnte aber funktionieren. Halten Sie hier eine einzige Idee fest, die ein Weg zur Lösung des Problems sein könnte. Was könnten Sie versuchen?

Tipp: Die Arbeit mit inneren Anteilen ist für manche Menschen beängstigend – sie wollen sich nicht vorstellen, dass in ihnen auch ein trauriges, wütendes oder verletztes Kind steckt. Falls Sie ein solches Unbehagen spüren, fragen Sie sich, woher das kommt. Dafür können Sie sich auch professionelle Hilfe holen. Und lassen Sie diese Übung aus.

Schritt 8: Aufmerksam bleiben

Im Laufe dieses Coachings haben Sie vermutlich gemerkt, dass die Blockaden und Hindernisse, die wir innerlich aufbauen, oft massiv sind. Das Gute ist: Meist bringen ein paar wenige neue Sätze oder kleine Haltungsänderungen ganz neue Perspektiven und Erleichterung. Behalten Sie ein paar von diesen wertvollen Ideen über das Coaching hinaus in Ihrem Joballtag im Blick!

Wie geht es weiter?

Auf dieser Liste sind alle Übungen, Werkzeuge und Anregungen aufgeführt, die Sie in diesem Coaching kennengelernt haben. Gehen Sie die Punkte noch einmal durch, und wählen Sie einen aus, der für Sie inspirierend und passend ist oder war. Schauen Sie, ob es Übungen gibt, die Sie stärken und Ihnen dabei helfen können, Aufschieberei, Selbstabwertung und Katastrophendenken zu reduzieren:

☐ Ein Projekt in den Blick nehmen, das Sie bisher nicht angehen, vor sich herschieben, und schauen, welche Blockaden Sie hindern.

☐ Einen Blick in die eigene Familiengeschichte werfen und überlegen, welche negativen Glaubenssätze zum Thema Arbeit Sie geprägt haben, die Sie hinter sich lassen können.

☐ Einen Blick in die Familiengeschichte werfen und positive, stärkende Glaubenssätze zum Thema Arbeit erkennen.

☐ Die Haltung eines Erwachsenen beim Arbeiten finden, statt zu lange in einem trotzigen oder unsicheren Kind-Ich zu bleiben oder von einer Art autoritärem, strafendem Eltern-Ich angetrieben zu werden.

☐ Aufschieberitis überwinden, indem Sie ein Gleichgewicht zwischen Arbeit und Entspannung schaffen.

☐ Kognitive Verzerrungen verändern: Setzen Sie Katastrophendenken, Übertreibung, Generalisierung neue, entspannende Denkmuster entgegen.

☐ Finden Sie Entspannung und Genuss – und entschärfen Sie so den Tunnelblick und kognitive Verzerrungen, für die Sie anfällig sind.

☐ Lassen Sie allzu strenge Bewertungen und Beurteilungen sein, und betrachten Sie sich selbst fair und freundlich.

☐ Finden Sie kreative Lösungen durch »Out-of-the-Box«-Denken.

Haben Sie eine Technik gefunden, die Ihnen auch weiterhin im Arbeitsleben helfen kann, Blockaden zu überwinden oder zu reduzieren? Dann überlegen Sie, ob es sinnvoll sein könnte, diese auch nach dem Coaching weiterzuführen. Entscheiden Sie auch, wie lange das für Sie passend sein könnte:

Datum: _____

Übung: Alles auf Anfang

Schauen Sie sich jetzt das Projekt oder Ziel an, über das Sie in Schritt 1 nachgedacht haben – und wobei Sie sich bisher blockiert gefühlt haben. Was fällt Ihnen mit Ihrem neuen Wissen zu diesen Blockaden ein? Beantworten Sie folgende Fragen:

- Was hat Sie bisher gehindert, auf das Ziel, das Projekt, den Wunsch zuzugehen?
- Welche Techniken würden Ihnen helfen, hier weiterzukommen?
- Welcher Satz oder welche Haltung würde Ihnen helfen?
- Wollen Sie das Projekt/Vorhaben jetzt angehen? Oder wollen Sie eher üben, Blockaden im Joballtag von Situation zu Situation zu begegnen? (Achtung: Jede Antwort ist gut und willkommen!)

EMPFEHLUNGEN ZUM WEITERLESEN

Patricia Cammarata: *Raus aus der Mental Load-Falle: Wie gerechte Arbeitsteilung in der Familie gelingt,* Weinheim: Beltz, 2020.

Blockaden im Job sind nicht immer psychologisch bedingt und hausgemacht. Im Hin und Her zwischen Erwerbs- und Care-Arbeit, einer Flut aus Aufgaben und Informationen fühlen sich viele Menschen überlastet – machen dann Fehler oder fühlen sich wie gelähmt. Die Bloggerin Patricia Cammarata beschreibt die Umstände, die uns verwirren – und zeigt, wie wir den Kopf frei kriegen. Für alle, deren Blockaden mit Stress, Überlastung und permanenter Care-Arbeit zu tun haben.

Petra Bock: *Mindfuck Job: So beenden Sie Selbstblockaden und entfalten Ihr volles berufliches Potenzial,* München: Knaur, 2015.

Hemmende Glaubenssätze zum Thema Arbeit und Beruf entstehen durch familiäre Prägung oder eine bestimmte gesellschaftliche Haltung. Petra Bock zeigt, wie Sie diese falschen Überzeugungen links liegen lassen und sich einer neuen, offeneren Haltung zuwenden. Passend für alle, die von diesem Coaching bereits profitiert haben und Erkenntnisse noch vertiefen wollen.

Burkhard Düssler: *Hör auf, dich fertigzumachen! Wie wir zu einem dauerhaft positiven Selbstwert finden,* München: Kailash, 2018.

Der »innere Kritiker« macht vielen Menschen das Leben schwer. Sein Tadel bedroht oft den Selbstwert oder führt zu unrealistischen Befürchtungen. Der Tiefenpsychologe Burkhard Düssler zeigt, wie ein behutsamer Umgang mit diesem inneren Anteil gelingt. Ein Buch für alle, die mit Selbstwertproblemen kämpfen und sich tiefgreifender mit dem Thema Selbstabwertung beschäftigen wollen.

Almut Schmale-Riedel: *Der unbewusste Lebensplan. Das Skript in der Transaktionsanalyse. Typische Muster und therapeutische Strategien,* München: Kösel, 2016.

Wenn es um innere Blockaden geht, ist im Coaching häufig von Ich-Zuständen wie Kind, Erwachsener und Eltern die Rede. Diese schematische Aufteilung ist erhellend, Theorie und Praxis dahinter sind aber nicht trivial. Das Buch der Transaktionsanalytikerin Almut Schmale-Riedel zeigt an Beispielen, wie Erfahrungen aus der Biografie die Ich-Zustände beeinflussen. Für alle, die mit verschiedenen Ich-Zuständen bewusst umgehen wollen.

KAPITEL 3

Veränderungen meistern

Luft nach oben

Auch Erwachsene können lernen, sich verändern und verbessern. Das Gespür für die eigenen Werte und Sehnsüchte hilft dabei, den eigenen Weg zu finden.

Von Eva-Maria Schnurr

Besser geht immer. Im Zeitungskiosk schreien es die »Bauch weg«-, »Jünger aussehen«-, »Erfolgreicher leben«-Schlagzeilen heraus. An Bushaltestellen flöten es die Plakate der Online-Partnervermittlung, die das große Glück versprechen. Und im Bio-Supermarkt tröten es die Prospekte hinter der Kasse, die fabelhafte Workshops für mehr Kreativität, tiefere Gefühle und neuen Lebenssinn anpreisen.

Geht da nicht noch mehr? Sollte man nicht auch mal? Reicht das alles wirklich? Das sportliche Prinzip »höher, schneller, weiter« hat sämtliche Lebensbereiche geflutet. Es gilt zu arbeiten: an der Karriere, an der Figur, am Auftreten, an der Beziehung.

Eine unüberschaubare Helferschar von Coachs, Trainerinnen, Beratern und Schönheitschirurginnen bietet professionelle Unterstützung beim Ego-Tuning und nährt mit immer neuen Angeboten das Gefühl der Unzulänglichkeit.

Zwar habe der Mensch schon immer versucht, sich in bestimmten Bereichen zu verbessern, konstatiert die Soziologin Anja Röcke von der Humboldt-Universität Berlin. Neu aber sei der Gedanke der ziellosen »Optimierung« mit potenziell unendlichen Möglichkeiten: »Mehr und weiter geht immer. Dabei ist nicht nur die Erzeugung eines Mehrwerts (beispielsweise in Form von mehr Leistung) zentral, sondern auch und unter Umständen sogar vornehmlich die Erzielung von Wettbewerbsvorteilen gegenüber Dritten. Die ökonomische und die soziale Dimension gehen Hand in Hand«, schreibt sie im Vorwort ihres 2021 erschienenen Buches *Die Soziologie der Selbstoptimierung.*

Nach dieser Lesart streben wir nicht ganz freiwillig nach Höherem, sondern weil die Umstände uns dazu nötigen. Die kapitalistische Ideologie des unbegrenzten Wachstums zwinge den Einzelnen in ein Rattenrennen, bei dem die Ziellinie ins Unendliche rückt. Man könnte einen erfüllenderen Beruf haben. Eine glücklichere Beziehung. Weniger Speck auf den Hüften. Man könnte witziger sein. Durchsetzungsfähiger. Oder auch einfühlsamer.

»Vielleicht will der Kapitalismus gar nicht, dass wir glücklich sind?«, grübelte der frühere Wirtschaftslobbyist Max Höfer vor einigen Jahren in seinem gleichnamigen Buch. Rhetorische Frage, die Antwort ist klar: Nein, will er nicht. Also sollten wir aussteigen aus der Überbietungsspirale, um das wirklich gute Leben zu finden. Klingt logisch. Ist aber zu simpel.

Natürlich führt die Ideologie des Immer-besser ins Unglück, wenn sie kein anderes Ziel hat als das Immer-besser. Natürlich ist die Idee unmenschlich, dass jeder seines Glückes Schmied ist, wenn das im Umkehrschluss bedeutet, dass jeder an seinem Unglück selbst schuld ist. Natürlich gibt es den Leistungsdruck, die Angst, nicht mithalten zu können.

Und es ist nicht zu leugnen, dass sich die Welt immer schneller wandelt, mit spürbaren Folgen für den Einzelnen. Es gibt den Zwang, ständig dranzubleiben. Das ungute Gefühl, nie gut genug zu sein. »Chronische Unfertigkeit« attestierte der Bildungsforscher Paul Baltes dem Menschen unserer Zeit. Doch der 2006 verstorbene Baltes, Entwicklungspsychologe und einer der führenden Alternsforscher, sah darin auch eine Chance. Das Unfertige muss ja kein Mangel sein, es steckt immer auch eine Möglichkeit darin – vorausgesetzt, der Einzelne versteht sich als veränderbar und entwickelt ein Gespür für seine Talente.

Die Kunst besteht darin, den ureigenen Motiven und Werten zu folgen, sie vielleicht auch erst zu entdecken. Anregungen und selbst grelle Reize von außen können helfen – oder verwirren. Im Lärm der Zeit das Richtige herauszufinden ist eine wahre Lebensaufgabe.

Die Alternative wäre, einfach wegzuhören und zu hoffen, dass alles beim Alten bleibt. Aber war es wirklich besser, als der Schuster bei seinen Leisten blieb, Hans nichts mehr lernte, was Hänschen nicht schon konnte? War das nicht furchtbar langweilig?

Untersuchungen zeigen, dass Herausforderungen auf lange Sicht glücklicher machen, als wenn man sich immer nur in der Komfortzone des Gewohnten bewegt. Auch das Streben hin zu persönlichen Zielen steigert die Lebensqualität. Dazulernen und sich verbessern ist so etwas wie ein Urtrieb. Kinder tun nichts anderes: üben Laufen bis zum Umfallen. Wollen so schnell wie möglich selbst essen, Fahrrad fahren, die Welt verstehen. Finden nichts aufregender, als Neues zu entdecken. Kindern geht es zunächst nicht ums Vergleichen, um den verbissenen Kampf. Besser werden ist für sie ein Spiel.

Was war der Grund, diese spielerische Neugierde irgendwann aufzugeben? Eigentlich gibt es keinen. Wohl nie gab es so viel Freiheit wie heute in der westlichen Welt, selbst zu wählen, wie man leben, was man arbeiten, wohin man sich entwickeln möchte. Wahrscheinlich ist es den Menschen hierzulande erstmals möglich, ihr Veränderungspotenzial tatsächlich auszuschöpfen. Denn das Ego ist kein Gefängnis. Niemand ist lebenslänglich zu einem starren Ich verurteilt. Das zeigen neue Erkenntnisse aus Psychologie und Hirnforschung. Durch Erfahrungen, Anforderungen und die Begegnung mit anderen verändert sich ohnehin jeder Mensch. Und es ist möglich, Veränderungen bewusst zu steuern.

Besonders plastisch wird das beim Lernen. Wenn etwa erwachsene Rechtshänder mit dem Klavierspielen beginnen, wird die linke Hand schon nach zwei Wochen geschickter. Im Gehirn vernetzen sich die Bereiche stärker, die das Zusammenspiel beider Hände dirigieren. Veränderungen im Gehirn durch Klavierunterricht zeigen sich sogar noch bei Seniorinnen und Senioren, stellten Forschende aus Genf und Hannover in einer 2020 veröffentlichten Studie fest.

Das Gehirn hat eine eingebaute Selbstoptimierungsfunktion: Entsprechend den Aufgaben, die zu bewältigen sind, strukturieren sich die Verbindungen zwischen den Nervenzellen im Denkorgan lebenslang immer wieder um – häufig genutzte Signalwege werden gestärkt, selten gebrauchte abgebaut.

Veränderung und Lernen sind möglich, ein Leben lang. Allerdings brauchen Erwachsene mehr Ausdauer als Kinder. Denn über Jahrzehnte eingeschliffene Reaktionsmuster, Angewohnheiten oder Routinen sind wie eine Schnellstraße im Kopf: bequem und ohne viel Nachdenken zu befahren.

Stärken weiter auszubauen, anstatt an Schwächen herumzudoktern – der sogenannte ressourcenorientierte Ansatz –, gilt deshalb als einer der effektivsten Wege der Persönlichkeitsentwicklung: Man nutzt den Schwung, der schon da ist, bleibt sozusagen auf gut ausgebauten Straßen in der gleichen Richtung unterwegs. Versucht man dagegen, sich anders als üblich zu verhalten, ist das, als schlüge man sich neben der Autobahn zu Fuß durchs Unterholz: Es geht nur in kleinen Schritten voran. Nur wenn man den Weg wieder und wieder geht, entsteht ein Trampelpfad und irgendwann ein Weg.

Veränderung geschieht also dadurch, dass man etwas ein bisschen anders macht. Und wieder. Und wieder. Bis es sich ins Gehirn eingefräst hat. Wie der Sponti-Spruch sagt: »Bewege deinen Hintern, und der Kopf wird folgen.« Das funktioniert sogar bei etwas scheinbar so Unverrückbarem wie der eigenen Persönlichkeit.

»Nur etwa die Hälfte der Persönlichkeitsunterschiede sind auf genetische Unterschiede zurückzuführen. Die an-

dere Hälfte kommt durch Unterschiede in den Entwicklungs-
umwelten im Verlauf des Lebens zustande«, so die Psychologin Ursula Staudinger, die über lebenslanges Lernen forscht.
Im Vergleich zu jungen Erwachsenen sind etwas ältere ver-
träglicher, gewissenhafter und emotional stabiler, allerdings
auch weniger offen für neue Erfahrungen. Das könnte auch
mit den Aufgaben zusammenhängen, die es im Laufe des Er-
wachsenenlebens zu bewältigen gilt: Wer ins Berufsleben ein-
steigt, eine Familie gründet, kann sich nicht mehr die gleichen Launen erlauben wie mit Anfang zwanzig. Das Leben
verläuft zunehmend in bekannten Bahnen; die Anreize, sich
mit Neuem zu beschäftigen, werden weniger, und so kommt
auch die Persönlichkeit zur Ruhe.

Ändert sich die Umwelt, wirbelt der frische Wind bis-
weilen auch das Ich noch einmal durcheinander. Oft passiert
das ungeplant und unfreiwillig: Geht der Job verloren oder
macht sich der Partner davon, zwingt das Betroffene zu einer Neudefinition.

Aber auch im vertrauten Alltag lässt sich die Persönlichkeit in Schwung bringen, glauben die Psychologen Ben Flet-
cher und Karen Pine: In ihrem Buch *Flex – Do Something Dif-
ferent* empfehlen sie, jeden Tag etwas ganz bewusst anders zu
machen als normalerweise – viele kleine Variationen statt der
großen Lebensveränderung.

Wer etwa eher risikoscheu ist, bekommt die Aufgabe, sich
einem bisher unbekannten Nachbarn vorzustellen. Wer sonst
das Leben bis ins Detail im Griff haben will, soll einen Tag
völlig ungeplant auf sich zukommen lassen. Trainiere und ex-
perimentiere man konsequent, sagen die Autoren, erweitere

man auf Dauer das Verhaltensrepertoire und entdecke ganz neue Facetten an sich selbst.

Dass solche Verhaltensänderungen tatsächlich möglich sind, zeigte auch die Psychologin Mirjam Stieger in einer 2021 veröffentlichten Studie. Mithilfe einer Smartphone-App übten 1523 Versuchspersonen drei Monate lang gezielt, bestimmte Persönlichkeitszüge zu verändern. Die meisten Teilnehmenden wollten ihre emotionale Verletzlichkeit reduzieren, gewissenhafter oder extrovertierter werden – und trainierten das nach Anleitung der App. Sowohl die Versuchspersonen selbst als auch Freunde und Familie beobachteten Veränderungen, die auch drei Monate nach Ende des Versuchs noch anhielten.

Noch spielerischer schraubt Richard Wiseman, ebenfalls Professor für Psychologie an der University of Hertfordshire, am eigenen Ich. Er empfiehlt das »Als ob«-Prinzip, um sich zu verändern und zu verbessern: »Indem man sich verhält, als sei man ein bestimmter Persönlichkeitstyp, wird man diese Person.«

Eindrucksvoll belegt das eine Studie der Harvard-Psychologin Ellen Langer aus dem Jahr 1979. Sie schickte eine Gruppe von Männern um die 80 für eine Woche auf eine Art Zeitreise in ein abgelegenes Kloster: Alles war eingerichtet wie 20 Jahre zuvor, vor allem aber durften die Männer nicht in der Vergangenheit über sich sprechen und nichts erwähnen, was nach 1959 stattgefunden hatte. Ansonsten passierte nicht viel.

Und trotzdem war die Verwandlung verblüffend: Die zu Beginn hilfsbedürftigen Männer kamen plötzlich wieder allein zurecht. Ihr Gehör, ihr Gedächtnis und ihre geistige Flexibilität verbesserten sich, der Blutdruck sank. Nur so zu tun, als wären sie jünger, war für die Probanden ein wahrhafter Jungbrunnen.

Wiseman hat Belege zusammengetragen, dass das »Als ob« oft wirkt. Wer glücklicher werden will, sollte sich benehmen, als wäre er schon froh: möglichst breit lächeln, das hebe die Stimmung. Eine Power-Pose – Hände hinter dem Kopf falten und lässig im Stuhl zurücklehnen – soll das Selbstbewusstsein stärken. Und mit beharrlicher Körpersprache – aufrecht sitzen und Hände vor der Brust verschränken – halten Versuchspersonen bei schwierigen Aufgaben doppelt so lange durch.

Rollenspiel? Hochstapelei gar? Eher eine Expedition in die unbekannten Dimensionen des eigenen Charakters. Jeder Veränderungsprozess beginnt damit, altvertraute Gewissheiten infrage zu stellen – gerade auch die über sich selbst. Ich bin nun mal so, ich kann nicht anders? Allzu oft ist das eine bequeme Ausrede, sich nicht mit dem inneren Schweinehund anzulegen, der vor Neuem zurückschreckt.

Doch die Möglichkeiten sind größer, als viele meinen, ist der Psychologe Brian Little von der University of Cambridge überzeugt: Jeder könne zumindest zeitweise über sich hinauswachsen, die Grenzen des eigenen Ichs sprengen. Er vergleicht die Persönlichkeit mit einem Musikstück. Obwohl Tonhöhe und Rhythmus vorgegeben sind, hat der Musiker eine Menge Interpretationsspielraum.

Ganz ähnlich sei der Mensch in der Lage, seine Persönlichkeit zu variieren, meint Little: Neben dem angeborenen

Naturell und den Charakterzügen, die sich im Zusammen-spiel mit der Umwelt herausbilden, verfüge jeder auch über »freie Eigenschaften«, über deren Einsatz er bewusst entschei-den könne. Der privat oft cholerische Vertriebsexperte gibt sich im Gespräch mit seinen Kunden diplomatisch und ein-fühlsam. Die chaotische Studentin agiert in ihrer Tierschutz-gruppe auf einmal ganz verbindlich. Das beste Beispiel für so eine freie Charakterinszenierung bietet Little selbst. Eigent-lich ist er zurückhaltend und introvertiert. Er versteckt sich sogar auf der Toilette, wenn ihm alles zu viel wird. Doch die Vorlesungen, die der inzwischen über 70-Jährige hielt, galten als extrem unterhaltsam, witzig und inspirierend. Manchmal sang der Gelehrte sogar vor seinen Studenten, um sie für sein Fach zu begeistern.

Das Aus-der-Rolle-Fallen sei allerdings enorm anstren-gend, gibt Little zu. Voraussetzung ist deshalb, dass es dazu dient, einem Herzensanliegen näherzukommen. Einer Sehn-sucht. Einer Leidenschaft. Etwas eben, was von innen heraus bewegt. »Kongruenz« nennen Motivationsforscher den Zu-stand, wenn Werte und Handeln übereinstimmen.

Egal, ob man dafür wie Little zeitweise die Rolle wechseln oder nur die eigenen Fähigkeiten und Begabungen entdecken und zur Entfaltung bringen muss – das Streben nach diesem Zustand der inneren Stimmigkeit gilt als einer der stärksten Antreiber im Leben.

Mit Esoterik hat das nichts zu tun. Sogar Topmanage-ment-Coachs wie Dorothee Echter und Dorothea Assig raten ihren Klienten, sich auf die Suche nach der Mission im Leben zu machen – »Purpose« heißt das in der Management-Sprache seit einiger Zeit. Denn daraus folgten alle weiteren Entwicklungs- und Optimierungsschritte. Und nur der Glaube an ein lohnendes Ziel gebe die Kraft und Energie für den weiteren Weg. »Ohne ein Anliegen, ohne einen inneren Antrieb, kann keine Karriere beginnen oder wachsen«, schreiben sie in ihrem Buch *Ambition – Wie große Karrieren gelingen.*

Sicherlich ist das mehr Appell als überprüfbare Tatsache. Glücksgriffe und Schicksalsschläge hinterlassen auch auf den Lebenswegen von Erfolgsmenschen ihre Spur. Aber Echter und Assig meinen zu wissen, was solche Vorbilder anspornt: »Ambition ist der Wunsch nach persönlicher Erfüllung, nach Selbstausdruck. Sie ist der unbedingte Wille nach Vervollkommnung.«

So betrachtet ist Selbstverbesserung kein Zwang, wird nicht von äußeren Normen oder Leistungsvorgaben diktiert. Es ist die höchste Form der Selbstverwirklichung. Besser geht immer. Muss ja nicht, wenn schon alles gut ist. Doch wenn die Unzufriedenheit nagt, kann es befreiend sein zu wissen: Da geht noch was. Das muss es noch nicht gewesen sein. Darin liegt natürlich auch eine Zumutung. Aber eine, die neugierig macht.

»Du, geh mir nicht ein!«

Zwei Todesfälle, zwei Entlassungen und eine Pandemie – Friederike Zöllner hielt trotzdem am Traum vom eigenen Buchladen fest. Zum Glück.

Von Susanne Donner

Am Anfang waren es nur Gedankenspiele unter Gleichgesinnten. In Gesprächen ließ Friederike Zöllner gern einen Buchladen entstehen: Viele Kinderbücher sollte es geben und ein behagliches Café zwischen den Regalen, ein Traum mit zarten Konturen. Die Realität war eine andere: Sie arbeitete damals, um das Jahr 2007 herum, im Vertrieb eines Berliner Verlags. Noch zu Wendezeiten hatte die gebürtige Ostberlinerin das Buchbinderhandwerk erlernt. Von der Mutter, Lektorin in einem Berliner Kinderbuchverlag, bekam sie die Liebe zum Buch mit.

Die Idee von der eigenen Buchhandlung hätte ein Traum bleiben können. Aber dann tauchte plötzlich eine ehemalige Verlagskollegin als Mitstreiterin auf. Sie erwartete ihr erstes Kind, Zöllner hatte gerade ihren zweiten Sohn zur Welt gebracht. Beide wohnten in unmittelbarer Nähe zueinander im Stadtteil Pankow. Aus der Elternzeit heraus würden sie die Buchhandlung planen, eröffnen und sich gegenseitig helfen können – so beflügelten sie sich: zwei Mütter, die ihren Traum verwirklichen. Der Plan fühlte sich heroisch an: Wenn nicht jetzt, wann dann?

Von da an bekam ihr Traum reelle Farben: ein Geschäft für »das schöne Buch«, vorwiegend gebundene, gern illustrierte Exemplare, nach ihrem Geschmack ausgewählt. Viele Kinder- und Jugendbücher, unbedingt Belletristik, regionale Reiseliteratur, ungewöhnliche Kochbücher und Sachtitel. Veröffentlichungen aus dem rechten politischen Lager kommen ihr nicht ins Regal. Ein Café im Laden soll Kunden zum Anlesen und Verweilen einladen und den Umsatz sichern helfen. Das Wichtigste war ihr jedoch: »Nichts von der Stange, denn ich bin auch nicht von der Stange«, sagt sie.

Doch ihre Geschichte ist keine mit glattem Schliff, sondern mit scharfen, tiefen, kantigen Kerben, die schmerzten. Die Immobiliensuche zog sich hin. Gegen ihren Plan kehrte Zöllner deshalb nach der Elternzeit zunächst wieder auf die feste Stelle im Verlag zurück. Aus Angst vor der Tretmühle der Gewohnheit, die den Traum verblassen und dann platzen lässt, »machte ich mir einen Knoten ins Taschentuch, damit ich nicht vergesse, was ich wirklich will«.

Sie legte das anonyme Facebook-Profil »Baustelle Buchhandlung« an. Unterhaltsam beschrieb sie darin ihre Vision vom eigenen Laden, erhielt den Traum virtuell am Leben. Der Auftritt entwickelte sich zu einem Magneten für Enthusiasten aus der Buchbranche. Sie fieberten mit, diskutierten, lieferten Ideen und schickten ihr sogar Gedichte. An manchen Tagen kamen zehn Freundschaftsanfragen. Das motivierte Zöllner. Im Frühjahr 2011 kündigte sie ihren Job, um ihren Traum zu verwirklichen. Da war sie 38 Jahre alt. Das Facebook-Profil wurde gelöscht, sie wollte durchstarten – im wahren Leben.

Kurz darauf sprang jedoch ihre Mitstreiterin ab. Für Zöllner war das ein heftiger Schlag. Dennoch entschied sie: »Dann werde ich eben Arbeitgeberin.« Sie, die gern partnerschaftlich arbeitet, dann als Chefin? Wie schrecklich ist das denn?, fragte sie sich. Heute lacht sie darüber, denn sie hat die Erfahrung gemacht, dass man den richtigen Weg schon findet, wenn man losgeht. Auf einmal war die Immobilie da. Freundinnen gaben den entscheidenden Tipp. Ein Eckladen in dem ihr vertrauten Kiez in Pankow stand leer. Der Vermieter, ein Deutscher, der in Kalifornien lebt, ließ sich ihren Businessplan schicken. Eine Bank gewährte ihrem Mann einen Kredit; er bürgte mit einem Teil seiner Lebensversicherung.

Dann die Katastrophe: Im November 2011 starb plötzlich ihre Mutter. Friederike Zöllner hatte sie bei ihrem Traum stets an ihrer Seite gewusst und ihre Hilfe eingeplant. Die Mutter hatte da sein sollen für die beiden Enkel und um im Laden mitzuhelfen, sie hatte sich darauf gefreut, gebraucht zu werden. Im Frühjahr 2012 wäre sie Rentnerin geworden. »Wenn ich gewusst hätte, dass das passiert, hätte ich nie ein Geschäft eröffnet«, sagt Zöllner. Aber der Mietvertrag für fünf Jahre war unterschrieben, zwei Buchhändlerinnen standen auf dem Papier schon bei ihr in Lohn und Brot. Zöllner sah sich zum Vorwärts gezwungen.

Ein Zurück wäre ein finanzielles Fiasko und eine persönliche Niederlage gewesen. Auch wenn das Schicksal es ihr schwer machte, blieb Zöllner bei ihrem Masterplan: »Ich hatte ein inneres Bild von einer Selbstständigkeit mit Familiensinn. Die Kinder kommen von der Schule heim und rufen in den Laden: ›Hallo, Mami!‹ Die Wohnung ist nicht weit.«

Welchen Namen sollte ihr Laden und damit ihre Wirklichkeit gewordene Idee tragen? Sie dachte an ein Kinderbuch, in dem ein Fuchs Bücher regelrecht auffrisst (»Herr Fuchs mag Bücher«). »Buchlokal«, das Wort, der Name, kam wie eine Eingebung: Messer und Gabel, in der Mitte ein Buch zum Verspeisen. Ein befreundeter Illustrator und Grafiker feilte die Idee zum Logo und zum Schriftzug über dem Geschäft aus. Auf dem Teller liegt ein Buch in Tortenform aufgefächert, eine Kirsche obenauf. »Bücher entdecken« und »Bücher genießen« steht über den Schaufenstern des Ladens.

Zöllner ließ das Mobiliar schreinern, Regale, deren Fronten jeweils einen Buchstaben formen, sodass in der Kinderbuchecke fünf unterschiedliche Regale das Wort »LESEN« bilden. Von der Decke hängen auffällig geschwungene Lampen in Rot und Gold aus dem Lampenladen in derselben Straße. Typisch Zöllner, nichts von der Stange, alles individuell.

Zur Eröffnung Mitte Dezember 2011 standen mehr als 100 Gäste, Rücken an Buch, und staunten, wie der einst heruntergekommene Tabakladen neu erstrahlte. Zöllner machte einen überwältigenden ersten Umsatz. Aber der Dezember ist kein Maßstab, sondern wegen Weihnachten der beste Monat für Buchhändler. Der Januar danach war auch gleich der schlimmste Monat. Neben der Arbeit im Buchladen räumte Zöllner nun die Wohnung ihrer Mutter aus. »Ich musste ihr Leben sortieren und wegschmeißen, unter Zeitdruck. Ich wollte nur traurig sein.«

Ohne Vorahnung bewegte sie sich schon auf die nächste tiefe Kerbe zu. An dem Tag, an dem Zöllner die Schlüssel zur Wohnung der Mutter zurückgab, kam ihr Mann nach Hause und sagte, er habe Lungenkrebs. Die Ärzte gäben ihm nur wenige Monate. »Ich weiß nicht mehr, was ich gesagt habe. Ich glaube, ich habe sogar entgeistert und abwesend gelacht. Ich konnte das alles nicht mehr fassen.«

Ihr Mann bekam verschiedene Chemotherapien gegen den Tumor. Es fiel Friederike Zöllner leichter, in ihrem Laden zu stehen, als ihm die neue Wäsche zu bringen, ihn zu trösten und nichts gegen den Krebs in seinem Körper tun zu können. Auch er trug den Buchladen weiter mit. Noch vom Krankenbett aus kümmerte er sich in Momenten der Hoffnung um Regalerweiterungen und Werbemaßnahmen. Aber die Ärzte behielten recht. Kurz nach Zöllners 40. Geburtstag starb er im August 2012.

Jetzt war sie allein mit zwei Söhnen, einem gerade eröffneten Buchladen, Arbeitgeberin für zwei Angestellte und zukünftig 240 Euro Witwenrente. Sie machte weiter, blieb bei ihrem Traum, trotzig. Sie ging in den Laden, schloss um 10 Uhr auf und um 19 Uhr zu, sechs Tage die Woche. Sie stellte eine robuste Palme ihrer Mutter in eines der Schaufenster, der sich viel später Bücher über starke Frauen hinzugesellten. »Du, geh mir nicht ein! Halte durch wie ich!«, sagte sie mit erhobenem Zeigefinger.

Und, immerhin, langsam ging es aufwärts. Die Bank, die den Kredit gab, bot an, ihn vollständig mit der Bürgschaft aus der Lebensversicherung des verstorbenen Mannes zu tilgen. »Ich sehe das unter dem Stern der Menschlichkeit. Ich hatte eine Sorge weniger«, sagt Zöllner. Dann kamen Kunden, die scherzten: »Ich muss hier raus, sonst kaufe ich den Laden leer.« Ein Verlagsvertreter bemerkte: »Du hast so besonders schöne Trauerkarten.« Dieses Besondere, nicht von der Stange, ist Zöllners Eigensinn. Trauerkarten mit einer Spur des Lichtvollen, einem pinkfarbenen Fisch inmitten des Grau-Schwarz, hatten sie selbst angenehm berührt, nachdem sie Mutter und Mann verloren hatte. Sie setzte Licht ins Dunkel, auch im Laden.

Irgendwann, so scheint es, sah das Schicksal ein, dass diese Frau nicht kleinzukriegen ist. 2013 verliebte sie sich in einen anderen Buchhändler. Ihr Laden lief inzwischen, seine literarische Buchhandlung in Berlins Südwesten aber machte Verluste. So entschieden beide, dass sie das »Buchlokal« künftig gemeinsam betreiben würden.

Veranstaltungen machten ihr Geschäft über das Viertel hinaus bekannt. Werktags kamen Kinder zum kostenlosen Bilderbuchkino, über einen Projektor wurden die Bilder der Bücher an die Wand geworfen, und dazu wurde erzählt oder vorgelesen.

2018 fragte das Pankower Schloss Schönhausen, ob Zöllner Literaturveranstaltungen, die dort regelmäßig stattfinden, kuratieren wolle. »Solche Kooperationen und solche Wertschätzung wünsche ich mir in Zukunft noch mehr«, sagt sie. »Auch insgesamt für unsere Branche.« Für eine der umliegenden Schulen besorgt das Buchhändlerpaar inzwischen die Schulbücher. Er rezensiert Sachbücher für ein regionales

TV-Format des Senders RBB. »Mama, den kennen wir doch aus dem Fernsehen«, sagt manches Kind, wenn es ihn im »Buchlokal« sieht. Es läuft, es geht aufwärts, und der Einsatz wird honoriert. Im Herbst 2019 erhält das »Buchlokal« den gut dotierten Deutschen Buchhandlungspreis und 2021 sogar noch ein zweites Mal. Die öffentliche Anerkennung ist Balsam, fast noch mehr als die finanzielle Unterstützung.

Warum ist Zöllner mit ihrem Traum vom eigenen Buchladen ans Ziel gelangt? Obwohl das Schicksal es ihr so schwer gemacht hat? Geholfen hat ihr, dass sie im Prenzlauer Berg groß geworden ist und lange in Pankow gelebt hat. »Ein gutes analoges Netzwerk ist das Allerwichtigste«, glaubt sie. Nur deshalb laufen die Veranstaltungen, nur deshalb hat sie eine Immobilie gefunden.

Und sie hat sich einen Plan gemacht und Schritt für Schritt auf die Eröffnung hingearbeitet. Wo soll der Laden sein? Wer soll kommen? Was macht sie unterscheidbar von Ketten wie Thalia oder Hugendubel? Auch das Scheitern und Veränderungen hat sie mitgedacht. »Für den Fall, dass wir umziehen, habe ich den Namen ›Buchlokal‹ gewählt, eben nicht ›Schlossbuchhandlung‹, sonst müssten wir immer in der Nähe des Schlosses bleiben.«

Ein Teil des Erfolgs liegt aber in ihrer Persönlichkeit. Kreativ und abenteuerlustig, so beschreibt sie sich, mit der nötigen Bodenhaftung. Zöllner scheut auch keine unbequemen Entscheidungen. 2014 und 2016 musste sie nacheinander ihre beiden Angestellten entlassen. Es sei ihr schwergefallen, weil es um andere Menschen ging, sagt sie. Aber die Konsequenzen aus den Umsatzzahlen zu ziehen ist überlebenswichtig. Trotz ihrer Zielstrebigkeit mischten sich immer wieder Zweifel in den gelebten Traum. Auf ihrem Rentenbescheid stünden 400 Euro, sagt Zöllner. Der letzte Urlaub ist einige Jahre her. »Die Ostsee wäre schön.« Mit dem Erfolg ist auch die Erkenntnis gekommen: Sie dachte einst, Unternehmer wären die Kapitalisten, die Made im Speck, aber für Buchhändler trifft das kaum zu. Es ist vor allem Arbeit an der Grenze zur Selbstausbeutung.

Ihr Kurs »vorwärts« hat sich bewährt. Als die Corona-Pandemie kommt, bringt sie den Kunden die gekauften Bücher vor die Ladentür, damit sie an der frischen Luft bleiben können. Während die großen Einkaufszentren schließen müssen, dürfen Buchhandlungen in Berlin über alle Lockdowns hinweg offen bleiben. »Das war unser Glück. Es haben uns neue Kunden gefunden. Eltern brauchten Lese- und Lernstoff für ihre Kinder. Wir sind aus diesem Jahr mit einem Umsatzplus von 30 Prozent rausgegangen«, sagt sie und wundert sich ein bisschen, wie ihr das gelungen ist.

Und dann trifft sie noch eine mutige Entscheidung, dieses Mal auch für ihr eigenes Wohlbefinden, denn das erste Corona-Jahr hat an ihren Kräften gezehrt. »Wir raffen nicht. Wir haushalten mit unseren Kräften. Wir haben uns in den ersten Monaten des Jahres gegönnt, dass wir erst ab 15 Uhr geöffnet haben.«

CHECK

Sind Sie ein Verwandlungskünstler?

Nichts ist so beständig wie der Wandel – vor allem in der Arbeitswelt. Mit diesen Checklisten prüfen Sie Ihre Veränderungskompetenz und erhalten Anregungen, wie Sie den ständigen Neuerungen gut begegnen können.

Die Hälfte unseres mühsam erworbenen Fachwissens veraltet innerhalb von vier Jahren, IT-Know-how ist sogar nach knapp zwei Jahren überholt. Auch Jobbeschreibungen verändern sich heute rasant, Unternehmen werden immer wieder umstrukturiert. Dann sind auch Mitarbeiter aufgefordert, sich neu zu orientieren. »Die Vorstellung, sich im Job permanent auf Neues einzustellen, löst bei vielen Menschen verständlicherweise erst mal Abwehr aus«, sagt Hans-Georg Willmann, Psychologe und Coach. Mit den folgenden Checklisten können Sie prüfen, wie es um Ihre Veränderungskompetenz steht. Sie finden heraus, welche Stärken und Fähigkeiten Sie bereits nutzen. Und sehen, wo Sie noch dazulernen können.

MEHR WISSEN

Eine der größten, herausfordernden Veränderungen im Leben ist das Altern. Die Kinder ziehen aus, man geht in Rente, es gibt körperliche Einschränkungen, das Gedächtnis wird schlechter. Wer dies nur als stetigen Verlust sieht, wird damit auch nur schwer zurechtkommen und vielleicht allmählich vereinsamen. Menschen, in deren Persönlichkeit Dankbarkeit verankert ist, machen sich dagegen auf Sinnsuche. Studien haben gezeigt, dass psychologische Flexibilität und gesellschaftliches Engagement (zum Beispiel für andere Menschen, für die Natur) dabei helfen, die Umbrüche im Alter gut zu meistern und glücklich und sozial gut vernetzt zu sein.

Aufgabe

Beantworten Sie die Aussagen auf den folgenden Listen mit »Ja« oder »Nein«. Wenn Sie sich nicht sicher sind, wählen Sie die Antwort, die eher passt. Zählen Sie alle »Ja«-Antworten zusammen, und notieren Sie die Zahl im Ergebnisfeld.

1

	Ja	Nein
Wenn in der Firma die Rede von Change oder Umstrukturierung ist, werde ich richtig unruhig und sauer.	☐	☐
Ich habe für meinen jetzigen Posten viel gelernt und viel gemacht. Ich hoffe ehrlich gesagt, ich komme damit bis zur Rente.	☐	☐

Ja Nein

☐ ☐

Eigentlich spüre ich, dass ich mich beruflich wenigstens zum Teil neu orientieren möchte. Aber ich gehe einfach nicht los.

☐ ☐

Da, wo ich bin, fühle ich mich wohl. Ganz neue Aufgaben zu übernehmen, in ein neues Team oder ein anderes Unternehmen zu gehen macht mir Angst.

☐ ☐

Fortbildungen? Kurse? Schulungen? Ich mag diese andauernde Lernerei nicht so sehr.

Ergebnis: _____ x **Ja**

2

☐ ☐

Ich versuche, mir bei der Arbeit täglich ein oder zwei größere Aufgaben vorzunehmen, die ich dann auch abarbeite.

☐ ☐

Wenn ich nicht weiterkomme, frage ich jemanden oder versuche, die Arbeit selbstständig zu erledigen, und lasse sie nicht liegen.

☐ ☐

Ich versuche immer mal wieder, neue, interessante Menschen kennenzulernen – mache also das, was man Netzwerken nennt.

Ja Nein

Meine Stellenbeschreibung kenne ich. Darüber hinaus gibt es aber Felder, die ich versuche stärker zu besetzen beziehungsweise mich dort einzuarbeiten.

Ich habe berufliche Ziele, die ich verfolge und an denen ich quasi zusätzlich zu meinen aktuellen Aufgaben arbeite.

Ergebnis: _____ x Ja

3

Ich nehme am Arbeitsplatz öfter an kleineren Schulungen teil, etwa wenn es um den Einsatz neuer Software geht.

Feedbackgespräche sind nicht immer angenehm, aber wenn ich dort kritisiert werde, versuche ich, etwas zu ändern.

Ich habe mich schon häufiger in neue Positionen oder Aufgaben hineinentwickelt und finde das für mich auch wichtig.

Ja Nein

Es gibt Abläufe bei der Arbeit, die häufiger schiefgehen. Ich suche dafür nach Lösungen, recherchiere und mache Vorschläge.

Die Digitalisierung schreitet voran. Ich bin bereit, mich damit auseinanderzusetzen und meinen Platz im Prozess zu finden.

Ergebnis: _____ x Ja

4

Ich komme nicht mit allen Chefs oder Chefinnen aus, aber mit den meisten.

Ich finde es wichtig, dass man im Team ab und zu ein bisschen Small Talk macht und mitbekommt, wo die Einzelnen stehen.

Ich pflege Kontakte zu zwei, drei Menschen, die im Unternehmen besser vernetzt sind als ich, und erfahre so auch von Neuerungen und Entwicklungen.

In Krisen, etwa wenn Jobs in Gefahr sind oder das Team sehr gestresst ist, finde ich bei Freunden, in der Familie einen gewissen emotionalen Ausgleich.

Ja Nein

Wenn es während des Veränderungsprozesses
knirscht, überlege ich, was ich beitragen könnte,
damit sich Konflikte etwa mit der Chefin entspannen.

Ergebnis: _____ x **Ja**

5

Meine Kollegen sagen mir häufiger, dass ich gut
planen und strukturieren kann, auch wenn neue
Aufgaben anstehen und viel zu tun ist.

Ich reflektiere in schwierigen Zeiten, wie es mir
gerade geht, ob ich eine Pause brauche oder ob
ich noch sinnvoll und effizient weiterarbeiten
kann.

Krisen und Veränderungen im Job erlebe ich zwar
als belastend, dennoch gelingt es mir, konzentriert
zu arbeiten.

Ziele, die ich mir gesteckt habe, behalte ich auch in
schwierigen Phasen im Blick und verfolge sie planvoll und motiviert.

Ja Nein

☐ ☐

Ich merke, wodurch ich in Stress gerate, und weiß, wie ich so damit umgehen kann, dass ich leistungsfähig bleibe.

Ergebnis: _____ x Ja

6

☐ ☐

Ich weiß in etwa, welche meiner Tätigkeiten in den nächsten Jahren automatisiert sein werden, und stelle mich in meiner Berufsplanung darauf ein.

☐ ☐

Ich kenne den Teil meiner Kompetenzen und Fertigkeiten, die in den nächsten Jahren, vielleicht aber auch nie von Maschinen ersetzt werden können.

☐ ☐

Ich kenne meine fachlichen Lücken und werde nun nach und nach Neues lernen, um der zunehmenden Digitalisierung gerecht zu werden.

☐ ☐

Neben ein paar Arbeitsbereichen, die in Zukunft wegfallen werden, sehe ich für mich auch schon ein paar neue Möglichkeiten und Arbeitsfelder.

Ja   Nein

Ich verfolge, wohin sich meine Branche und mein ☐ ☐
Arbeitsbereich in den nächsten zehn Jahren entwickeln werden, und verändere mich entsprechend.

Ergebnis: _____ x Ja

Auswertung

1 ## Angst vor Veränderung

Sie haben in diesem Check dreimal oder häufiger »Ja« geantwortet? Dann haben Sie wahrscheinlich eine gewisse Abneigung gegen Neuerungen. Oder die Befürchtung, dass berufliche Veränderungen oder technische Umstrukturierungen Ihnen große Nachteile bringen könnten. Zunächst mal ist das verständlich. Veränderungen machen Mühe und bringen Mehrarbeit und Unsicherheit. Psychologen weisen darauf hin, dass Umbrüche im Job erst mal eine Krisenphase sind, zu der Gefühle von Ohnmacht, Wut und Traurigkeit gehören. Je tiefgreifender Wechsel und Wandel für Sie persönlich sind, desto massiver die Gefühle. Um gut durch diesen belastenden Gefühlscocktail zu kommen, gibt es Hilfsmittel.

Das wichtigste: Verändern Sie Ihre Einstellung zum Thema Veränderung! Versuchen Sie zu sehen, dass Neuerungen sowohl Risiken als auch Chancen bergen. So können Sie Ängste und Panik reduzieren und schneller wieder selbst aktiv werden. Der Schritt hin zu mehr Offenheit für Neues kann Ihnen helfen, mit der Flexibilisierung der Arbeitswelt psychisch besser zurechtzukommen. Falls Sie in diesem Check zweimal oder seltener »Ja« angekreuzt haben, gehören Sie wahrscheinlich zu den Menschen, die im Job schon einige Wechsel gemeistert haben. Oder Sie sind ohnehin eine Person, die offen auf Neues zugeht. Diese Haltung kann Ihnen helfen, sich gelassener auf Changeprozesse einzulassen. Übertreiben Sie es aber nicht: Falls Sie keinmal »Ja« geantwortet haben, kann das ein Zeichen sein, dass Sie sich zu viel zumuten. Üben Sie dann, die Offenheit beizubehalten und dennoch Gefühle von Belastung zuzulassen und sich auch danach zu richten.

> **Tipp:** Neues aus der digitalen Welt muss nicht schlecht sein! Es gibt viele Beispiele, welche neuen Apps, Technikskills und Gadgets das Privatleben verschönern oder erleichtern. Ob regelmäßige Zoom-Familientreffen während der Pandemie, unterhaltsame Chats in den sozialen Medien oder eine neue Fitness-App, die Ihre Motivation ankurbelt – bestimmen Sie für sich zwei oder drei technische Helfer, auf die Sie nicht mehr verzichten wollen und die Sie früher skeptisch beäugt haben oder zumindest nicht bedienen konnten. Wenn Sie sich das nächste Mal bei dem Gedanken »Alles Neue ist schlecht!« ertappen, denken Sie an diese Helfer.

 ## Eigeninitiative

Selbstständig auf Aufgaben zugehen und aktiv werden? Wenn Sie in dieser Checkliste **dreimal oder häufiger mit »Ja« geantwortet** haben, gehören Sie vermutlich zu den Menschen, die im Job immer mal wieder umsichtig anpacken. Diese Eigeninitiative ist eine der Schlüsselkompetenzen, die den Umgang mit Veränderungen erleichtert. Denn in Changeprozessen tauchen oft kleine Hürden und Fragen jenseits der Routine auf. In den Situationen wird es wichtig, sich zu fragen, was nun konkret arbeitstechnisch ansteht und wie man die Neuerungen auch mit eigenen beruflichen Zielen und Vorhaben verbinden kann.

Mit Übereifer hat das wenig zu tun. Wer wendig und selbstständig handelt, stärkt auch das Gefühl von Selbstwirksamkeit, also das Zutrauen in sich selbst. Das lässt Sorgen und Bedenken kleiner werden und ist deshalb ein Schutzfaktor in den unruhigen Zeiten des Wandels. Haben Sie hier zweimal oder seltener »Ja« angekreuzt, dann gehen Sie auf Neuerungen oder Hürden im Joballtag vielleicht eher zaghaft oder gar nicht zu. Manchmal können Sie sich ein solches Aussitzen gönnen. Doch um mit Veränderung klarzukommen, ist es zentral, sich immer mal wieder einen Ruck zu geben und ins Handeln zu kommen. Damit das in neuen Situationen gelingt, reicht es häufig schon, die proaktive Einstellung im Alltag immer mal wieder zu üben.

Tipp: Um Neues zu wagen und aktiv zu werden, brauchen Sie sich keine waghalsigen Abenteuer zuzumuten. Bauen Sie in Ihren Tagesablauf ab jetzt immer wieder Mini-Neuerungen ein. Kaufen Sie gelegentlich im Supermarkt ein Lebensmittel, das Sie noch nie probiert haben. Lesen Sie ein Buch, das Sie normalerweise nie aufschlagen würden. Wählen Sie mit der Familie ein Ausflugsziel, an dem Sie noch nie waren. Beobachten Sie auch, wie durch regelmäßige kleine Mini-Neuerungen Ihr Gefühl von Zuversicht und Stärke wächst.

Lernbereitschaft und Problemlösefähigkeit

Die Idee, lebenslang zu lernen, schreckt Sie nicht, wenn Sie in dieser Liste dreimal oder häufiger »Ja« angekreuzt haben. Wahrscheinlich haben Sie bereits einen Umgang damit gefunden, dass im Berufsleben immer wieder Phasen des Lernens anstehen, von der Mini-Computer-Fortbildung bis zur Entwicklung des Teams. Dass das Einarbeiten in neue Felder immer auch etwas Überwindung kostet, ist klar. Entscheidend ist eher eine grundsätzliche Bereitschaft.

Übrigens muss man sich nicht permanent im Klein-Klein betrieblicher Kurse abmühen. Organisationspsychologen betonen, dass persönliche Schlüsselkompetenzen – etwa die in Check 2 ermittelte Eigeninitiative – heute fast wichtiger sind als rein fachliche Skills. Ein guter Mix aus gelegentlichen Fachschulungen und Kursen zur persönlichen Weiterentwicklung ist also ratsam. Falls Sie in dieser Liste weniger als zweimal mit »Ja« geantwortet haben und möglicherweise nicht sehr lernbegierig sind, könnte es sich für Sie lohnen, erst mal die erwähnten Schlüsselkompetenzen zu trainieren. Dann wird es auch einfacher, sich gelegentlich zu einer ungeliebten IT-Schulung anzumelden.

Tipp: Ein gewisses Maß an Neugier und Interesse hat fast jeder. Auch wenn Sie diese Wissbegier nicht auf Anhieb bei sich selbst entdecken: Probieren Sie in den nächsten Tagen, bewusst darauf zu achten, was Sie jeweils gelernt und wofür Sie sich interessiert haben. Gab es Zeitungsartikel oder Infos im Netz, die Sie verschlungen haben? Hatten Sie nach einem Radiobeitrag oder einem Gespräch den Eindruck, etwas Neues mitgenommen zu haben? Haben Sie ein Alltagsproblem gelöst oder etwas über praktische Dinge wie Pflanzenkunde oder Autoschrauben erfahren?

Suchen Sie nach kleinen Lernerfolgen. Wenn Sie wollen, können Sie diese auch eine Woche lang aufschreiben und so bewusster wahrnehmen, dass Sie sich täglich Neues aneignen. Das reduziert die Angst vor dem Lernen erheblich.

Soziale Kompetenz

In jeder Stellenanzeige werden heute kommunikative Kompetenzen gefordert. Wenn Sie in diesem Check dreimal oder häufiger mit »Ja« geantwortet haben, dann gehören Sie wahrscheinlich zu den Menschen, die solche viel zitierten Soft Skills tatsächlich mitbringen. Besonders in Zeiten des Umbruchs, in denen viele neue Absprachen nötig sind und leicht Missverständnisse entstehen, kann Ihnen das helfen. Sie wissen dann, wer wie tickt, können einschätzen, was die anderen im Changeprozess umtreibt, haben zu den meisten Kollegen und Kolleginnen eine halbwegs tragfähige persönliche Beziehung. Auf diese Weise ergeben sich nicht nur schneller kurze Wege zur Problemlösung, Sie können anderen auch Macken und Seltsamkeiten, die sich in solchen Phasen zeigen, eher nachsehen.

Falls Sie in diesem Check weniger als dreimal mit »Ja« geantwortet haben, kann es sein, dass Sie lieber fachlich und sachlich arbeiten, als dem sozialen Organismus, der eine Firma ja immer auch ist, allzu viel Futter zu geben. Es ist Ihr gutes Recht, sich aus Klüngeleien im Großraumbüro herauszuhalten. Dennoch könnte es sich für Sie lohnen, in Zukunft immer mal wieder zu üben, mit anderen klar und interessiert zu sprechen, und Ihr Einfühlungsvermögen zu trainieren. So können Sie gemeinsam mit den anderen in der Abteilung oder im Team Übergänge leichter meistern.

Tipp: »Solange man selbst redet, erfährt man nichts.« Dieses Zitat der Dichterin Marie von Ebner-Eschenbach verdeutlicht, wie wichtig es ist, sich in andere hineinzuversetzen. Eine empathische Haltung kann man durch eine Art Perspektivenwechsel bewusst üben: Denken Sie an eine Person aus dem Arbeitsumfeld, deren Verhalten Sie nicht unbedingt verstehen oder das Sie nervt. Stellen Sie sich vor, am Platz des anderen zu stehen und quasi ein paar Schritte in dessen Schuhen zu gehen. Wie blickt die Person auf die Welt? Wie ist ihre Position? Was für Fragen tun sich auf, wenn Sie aus ihrem Blickwinkel aufs Team schauen? Spüren Sie nach, wie Sie sich fühlen. Verstehen Sie nun eher, was diese Person will?

 ## Selbstmanagement

Wenn Sie in diesem Check dreimal oder häufiger »Ja« angekreuzt haben, sind Sie wahrscheinlich eine Person, die ihre Kräfte gut einteilen und ihren Alltag gut planen kann – und deshalb auch relativ belastbar ist. Auch diese Fähigkeit zum Selbstmanagement hilft Ihnen dabei, Veränderungen gut zu überstehen: Zusätzliche Anforderungen, Überstunden oder emotional belastende Unklarheiten, wer welchen Posten bekommt, fressen in Umbruchzeiten eine Menge Energie. Zwei Kompetenzen schützen hier: wenn man sich ein paar wenige, persönlich wichtige berufliche Ziele setzen und diese bewusst verfolgen kann, auch wenn im Unternehmen gerade das Chaos tobt. Und wenn man mit den eigenen Kräften haushalten kann, statt sich im Trubel zu verausgaben.

Haben Sie in dieser Liste zweimal oder seltener »Ja« angekreuzt, ist es sehr wahrscheinlich, dass Sie entweder beim Zielesetzen oder beim Kräfteeinteilen gelegentlich schwächeln. Viele Menschen kämpfen mit dem Thema Willensenergie. Sie könnten zunächst probieren, den Umgang mit den eigenen Ressourcen gezielt zu verbessern. Nehmen Sie Erschöpfungsanzeichen ab jetzt ernster, und versuchen Sie, eine gewisse Balance zwischen Belastung und Ausruhen zu schaffen. Fragen Sie sich dazu mehrmals täglich, wie hoch Ihr Energielevel gerade ist; machen Sie eine Pause, wenn Sie eine brauchen.

Tipp: Zum guten Selbstmanagement gehört die Fähigkeit, Grenzen zu setzen. Überlegen Sie, welche Extraaufgaben Sie übernommen haben und welche zwei Zugeständnisse Sie gern machen, etwa welches Zusatzprojekt Sie vorantreiben wollen. Überlegen Sie dann, welche zwei Anforderungen Ihnen zu viel werden und wo Sie eine Grenze setzen wollen, etwa nach 20 Uhr keine Mails mehr beantworten. Versuchen Sie, diese Aufgaben abzugeben, und sprechen Sie darüber sachlich mit Vorgesetzten. Selbst wenn Sie nur zum Teil erfolgreich sind: Sie bekommen so ein besseres Gefühl für Ihre Grenzen!

6 Wissen über die digitale Entwicklung

Unsere Arbeitskraft und fachlichen Kompetenzen werden demnächst komplett von Computern ersetzt? Wenn Sie in diesem Check dreimal oder häufiger mit »Ja« geantwortet haben, dann wissen Sie wahrscheinlich bereits, dass es sich lohnt, sich durch die zunehmende Digitalisierung und Automatisierung nicht in Panik versetzen zu lassen, sondern sie differenziert zu betrachten – und sowohl Chancen als auch Risiken zu kennen.

Dazu kann es helfen, sich nach und nach ein Bild davon zu machen, welche Ihrer Arbeitsaufgaben letztlich Routinetätigkeiten sind und somit irgendwann tatsächlich von Computern ersetzt werden könnten. Und welche Ihrer Fähigkeiten und Arbeitsleistungen nicht nur weiterhin gebraucht werden – sondern im Zuge der digitalen Umwälzungen sogar ausbaufähig sind. Versuchen Sie deshalb immer mal wieder, sich über die Veränderungen in der Arbeitswelt zu informieren, und planen Sie vorausschauend. Meist reicht es, wenn Sie ein oder zwei Ideen haben, wohin Sie sich in Zukunft bewegen könnten. Gerade wenn Sie in diesem Check nur zweimal oder seltener mit »Ja« geantwortet haben, könnte sich eine bewusste Orientierung angesichts der zukünftigen Entwicklungen lohnen. Sie gewinnen dann eher ein Gefühl von Sicherheit zurück.

Tipp: Lesen Sie eine Woche lang jeden Tag ein oder zwei Wirtschaftsartikel, Einschätzungen von Trendforschern oder Statistiken. Viele Prognosen zur Entwicklung der Arbeitswelt gehen heute nicht mehr davon aus, dass durch die Digitalisierung ausschließlich Jobs wegfallen, sondern prognostizieren, dass auch ganz neue Arbeitsbereiche geschaffen werden. Versuchen Sie, ein paar Fakten aufzuschreiben, die für Ihre Branche und Ihren Beruf wichtig sind, die Sie auf Ideen bringen oder Ihnen Möglichkeiten eröffnen könnten.

Wer ist am Zug?

Umstrukturierungen, Sparmaßnahmen und Changeprozesse werden von Firmen initiiert. Wenn Menschen solche Neuerungen nicht gut verarbeiten, liegt das oft an unzureichender Kommunikation oder Führungsfehlern aufseiten der Organisation. Veränderungsprozesse werden oft euphorisch initiiert, aber nicht genügend verfestigt. So entsteht keine neue Routine, Mitarbeiter fühlen sich permanent überfordert. Ihre Anpassungsfähigkeit ist nur ein Erfolgsfaktor von mehreren. Ihr Unternehmen trägt ebenfalls einen Teil der Verantwortung!

COACHING

Flexibel bleiben

Sie fühlen sich im Job immer wieder von neuen Aufgaben überfordert? Hier lernen Sie, sich auf bevorstehende Veränderungen einzustellen und diese auch mitzugestalten – ohne sich dabei zu verausgaben. Auf diese Kompetenz können Sie in Zukunft leicht zurückgreifen.

Dauer

Ein neuer Umgang mit Veränderung glückt nicht sofort. Lassen Sie sich mit dem Coaching Zeit, und planen Sie vier bis acht Wochen ein. Sie können auch alle Schritte überfliegen und sich dann die drei Punkte heraussuchen, die gerade für Sie relevant sind. Nach und nach können Sie dann die anderen Übungen aufgreifen.

Schritt 1:
Den Standort bestimmen

Die Digitalisierung in der Arbeitswelt schreitet voran. Jobs verändern sich oder fallen ganz weg, neue Tätigkeitsfelder entstehen. Es lohnt sich, mit etwas Weitblick zu schauen, wie sich in diesem Prozess auch Ihr Arbeitsbereich verändern wird und welche Ihrer Kompetenzen weiterhin gefragt sein werden.

Reflexion: Was bleibt, was geht?

Lesen Sie sich die folgenden Fragen in Ruhe durch, und notieren Sie Ihre Antworten. Welche Ihrer Aufgaben sind kognitive oder manuelle Routinetätigkeiten, also solche, die man leicht automatisieren kann (Fließbandarbeit, standardisierte Dienstleistung et cetera)? Schreiben Sie einige solcher Tätigkeiten auf. Diese könnten in Zukunft möglicherweise wegfallen.

Welche der Fähigkeiten und Tätigkeiten, die Ihren Job ausmachen, sind kognitiv und manuell komplex und variabel und daher nicht automatisierbar (Konzeption, Programmierung, soziale Arbeit, Führungsaufgaben et cetera)? Schreiben Sie ein paar Tätigkeiten auf. Diese Arbeitsfelder werden auch in Zukunft wichtig sein.

Welche der Tätigkeiten, die Ihren Arbeitsalltag ausmachen, welche der Fähigkeiten, die Sie im Berufsleben einsetzen, werden demnach voraussichtlich nicht von einem Computer ersetzt werden? Schreiben Sie drei auf.

1. _____

2. _____

3. _____

Überlegen Sie nun abschließend: Was bedeutet das für Ihre zukünftige Arbeits- und Berufsplanung?

Tipp: Es werden bald nur noch hochkarätige Fach- und Führungskräfte gebraucht? Das ist ein Gerücht. Informieren Sie sich über Chancen und Risiken. Es lohnt sich.

Schritt 2: Persönliche Ziele finden

Der Arbeitsmarkt ist permanent in Bewegung. Umso wichtiger ist es, dass Sie sich auf Ihre eigenen Ziele konzentrieren. Ihre beruflichen und privaten Prioritäten werden dann der Kompass, der Sie durch die Unwägbarkeiten der Changeprozesse navigiert. Hier finden Sie Übungen, mit denen Sie Ihre Ziele klären können.

Berufliche und private Ziele für mehrere Jahre bestimmen? Das fällt vielen Menschen schwer. Deshalb ist die folgende Übung zweigeteilt. Zunächst erhalten Sie eine Anleitung für eine Art Brainstorming. Im zweiten Teil können Sie dann die Ziele festlegen.

Imagination: Ein wünschenswerter Tag

Gehen Sie auf Zielfindungsreise, und springen Sie in einen gelungenen Tag in Ihrem Leben in fünf Jahren. Stellen Sie sich vor, was Sie tun, wo Sie sind. Gehen Sie dabei chronologisch vor – von morgens bis abends.

Wichtig ist, dass Sie sowohl Vorstellungen zum beruflichen als auch zum privaten Teil Ihres Lebens entwickeln. Beginnen Sie mit dem Aufstehen. Wer ist bei Ihnen? Wo sind Sie? Was machen Sie? Worauf freuen Sie sich? Und dann: Wie kommen Sie zur Arbeit, wo arbeiten Sie? Überlegen Sie danach, was Sie während des Arbeitstags machen, welche Aufgaben Sie erledigen, mit wem Sie Kontakt haben. So gehen Sie durch den Tag.

Schreiben Sie dazu für verschiedene Zeitpunkte – morgens, vormittags, mittags, abends – einige Sätze auf. Formulieren Sie diese in der Gegenwartsform, zum Beispiel: »Ich frühstücke auf dem Balkon.« Je detaillierter Sie dabei sind, desto leichter können Sie Ihre Ziele herauslesen.

Übung: Ziele im Quadrat

Im Folgenden finden Sie ein Zieldiagramm. Mit diesem können Sie nun kurzfristige, mittelfristige und langfristige berufliche und private Ziele festhalten. Füllen Sie das Koordinatensystem mit den Stichpunkten, die Sie in Ihrer Wunsch- und Imaginationsübung notiert haben. Um Ihre Ziele festzulegen und auch eine Zukunftsperspektive zu entwickeln, blättern Sie auch noch mal zurück zu den zukunftsträchtigen Fähigkeiten und Tätigkeiten, die Sie in Schritt 1 ermittelt haben.

Ziele abstimmen	Berufliche Ziele	Private Ziele
Kurzfristige Ziele 1 – 3 Jahre	...	...
Mittelfristige Ziele 3 – 5 Jahre	...	...
Langfristige Ziele 5 – 10 Jahre	...	...

Legen Sie abschließend fest: Gibt es je ein konkretes berufliches und privates Ziel, das Sie hier formulieren – und dann auch verfolgen wollen?

Mein berufliches Ziel:

Mein privates Ziel:

Schritt 3:
Den Wandel akzeptieren

Widerstand gegenüber Veränderungen haben sehr viele Menschen. Klar, es ist anstrengend, sich immer wieder neu zu orientieren. Doch es vereinfacht auf Dauer den Umgang mit Neuerungen, wenn Sie den Wandel als etwas Ständiges begreifen und ihn immer wieder bewusst wahrnehmen und akzeptieren. Die folgenden Übungen helfen Ihnen dabei, Ihre Einstellung ein wenig zu verändern.

Übung 1: Gelungener Wechsel

Eine offene und wohlwollende Einstellung gegenüber Veränderungen tut gut. Vor allem, weil Sie dann weniger Energie mit Angst oder Abwehr vergeuden. Um die eigene Zuversicht zu stärken, hilft Ihnen möglicherweise folgende Imaginationsübung: Erinnern Sie sich an eine Situation in Ihrem Leben, die Sie als Krise oder sogar als Katastrophe erlebt haben und in der Sie schließlich einen Weg gefunden haben, sich zu verändern und sogar in eine neue, positive Lebensphase übergegangen sind. Als Hilfestellung für die Erinnerung können Sie folgende Reflexionsfragen nutzen:

- Welche Krisensituation, die Sie erfolgreich gemeistert haben, hat Ihnen zunächst Angst gemacht?
- Welche Befürchtungen hatten Sie?
- Wie hat sich die Situation entwickelt? Welche Lebensphase folgte?
- Was haben Sie unternommen, damit sich die Situation wandelt?

Tipp: Denken Sie an das Gefühl, das Sie hatten, als sich die Dinge, die zuerst sehr beängstigend waren, nach und nach zum Positiven gewandelt haben. Wie würden Sie das Gefühl beschreiben? Vielleicht »Es fühlt sich leichter an« oder »befreiend-entspannend«? Wo spüren Sie dieses Gefühl in Ihrem Körper? Vielleicht in der Magengegend oder im Brust-Hals-Bereich, im Rücken oder Kopf? Erinnern Sie sich an dieses Körpergefühl, wenn Sie das nächste Mal Angst vor einer Veränderung haben. Sie können auch eine bildliche Vorstellung zu Hilfe nehmen wie beispielsweise: »Ich merke, es löst sich ein Knoten im Bauch.« Oder: »Ich fühle mich wieder leicht wie eine Feder.«

Übung 2: Mein eigener Forscher

Akzeptanz entwickeln gegenüber neuen Anforderungen und Veränderungen – das klingt erst mal nach einer leichten Übung. Doch so einfach ist es meistens nicht. Sie können die akzeptierende Haltung allerdings trainieren: Denken Sie an eine anstehende Neuerung, und stellen Sie sich vor, dass Sie diese wie eine Wissenschaftlerin, ein Wissenschaftler betrachten. Schauen Sie neugierig und interessiert auf die bevorstehenden Veränderungen und die Hindernisse, versuchen Sie dabei zu spüren, dass alles Neue auch irgendwie interessant ist. Wenn Sie sich selbst im Wandel wie einen Forschungsgegenstand betrachten, kommen Sie viel eher in einen Modus des interessierten Beobachtens. Sie hören auf, gleich alles zu bewerten. Das ist einer der Schlüssel zu einer akzeptierenden Haltung.

Hintergrundwissen

Die Metapher des Wissenschaftlers stammt vom Psychologen Steven C. Hayes, dem Erfinder der Akzeptanz- und Commitmenttherapie (ACT). Er hat festgestellt, dass Bilder dabei helfen können, eingefahrene Muster hinter sich zu lassen und offener für Neues zu werden.

Tipp: Sie gehören zu den Menschen, die Veränderungen oft schwierig finden und viel Angst haben, wenn etwas im Wandel ist? Dann können die beiden Übungen in diesem Schritt für Sie die zentralen Tools sein, mit denen Sie lernen können, Widerstand und Befürchtungen zu lindern. Experimentieren Sie weiter mit diesen beiden Übungen!

4 Schritt 4: Schlüsselfähigkeiten trainieren

Organisationspsychologen haben ein paar wenige Schlüsselkompetenzen benannt, die uns helfen, konstruktiver mit Wandel und Wechsel in der Arbeitswelt umzugehen. Diese sind nicht angeboren, sondern man kann sie lernen und stärken. Im Folgenden stellen wir Ihnen einige davon in einer Checkliste vor.

Check-
liste

Handlungsanleitungen

Unten finden Sie eine Reihe von konkreten Anregungen für Handlungsänderungen in Ihrem Joballtag. Mit jeder dieser kleinen Aufgaben können Sie eine andere wichtige Schlüsselkompetenz üben. Sie wird Ihnen in Zukunft helfen, mit Veränderungsprozessen umzugehen. Lesen Sie die Liste aufmerksam durch, und wählen Sie dann die Handlungsanleitung aus, die Ihnen am meisten zusagt, die Sie spontan anspricht. Machen Sie es sich leicht:

☐ Ich werde eine Woche lang in jedem Meeting eine Wortmeldung machen und/oder mich mit einer Idee oder einem Vorschlag einbringen. (Trainiert Eigeninitiative, also die Fähigkeit, selbst Prozesse zu initiieren.)

☐ Ich lese jeden Tag mindestens einen Fachartikel und fasse die wichtigsten Gedanken in kurzen Stichworten zusammen. (Hier trainieren Sie Ihre Lernfähigkeit und erweitern Ihr Wissen.)

☐ Ich trinke jeden Tag mindestens zwei Liter Wasser. (Trainiert die Fähigkeit, auf sich selbst und die eigene Gesundheit zu achten, und erhöht die Belastbarkeit.)

☐ Ich lasse Konjunktive wie »hätte«, »würde« und »könnte« weg, wenn ich etwas erkläre oder zusage. (Hier schulen Sie Ihre Fähigkeit, präzise und wirksam zu kommunizieren und mit Ihren Worten etwas zu erreichen.)

☐ Wenn es Konflikte gibt, suche ich aktiv nach einer Lösung und mache einen Vorschlag. (Hier schulen Sie Ihre Konfliktfähigkeit und lernen, eine eigene Strategie aktiv einzubringen.)

☐ Ich äußere im Gespräch mit Vorgesetzten meine Meinung. Dabei achte ich auf eine verbindliche und angemessene Wortwahl, bleibe mir aber inhaltlich treu. (Hier verbessern Sie Ihre Kommunikationsfähigkeit.)

☐ An jedem Morgen in dieser Woche setze ich bewusst Prioritäten und entscheide, welche Aufgabe A, also wichtig, welche B, also halb wichtig, und welche C, also Kleinkram, ist. Jeden Tag erledige ich eine Aufgabe mit Priorität A. (Trainiert Selbstmanagement, also die Fähigkeit, effizient mit Zeit umzugehen.)

☐ In jedem Gespräch in dieser Arbeitswoche werde ich bewusst eine offene Frage stellen und versuchen zu verstehen, was mir mein Gesprächspartner sagen will und was ihn im Job umtreibt. (Trainiert Offenheit, also die Fähigkeit, eine Situation ohne Bewertung zu erfassen.)

☐ Wenn in der kommenden Woche Probleme auftreten, suche ich aktiv nach Lösungen, indem ich das Problem benenne, die Ursachen analysiere, Lösungsideen sammle (eventuell auch zusammen mit Kollegen) und das Problem dann angehe. (Hier schulen Sie Ihre Fähigkeit zum Problemlösen.)

Haben Sie eine der Aufgaben ausgewählt? Gut. Nun versuchen Sie eine Woche lang, in Ihrem Berufsalltag jede Gelegenheit zu nutzen, das neue Verhalten auszubauen und die jeweilige Schlüsselfähigkeit zu üben. Machen Sie Ihren Job-alltag zum Trainingslager. Wichtig: Es ist egal, wo Sie an-fangen. Wenn Sie nur eine Sache konsequent verändern und Neues beginnen, werden Sie sehen, dass Sie insgesamt akti-ver werden.

Tipp: Auf diese Liste können Sie während des Coachings immer wieder zurückgreifen. Wenn Ihnen andere Schritte zu groß oder aber für Sie nicht relevant erscheinen, suchen Sie sich einen neuen Punkt aus der Checkliste, und kehren Sie eine Woche lang ins Job-Trainingslager zurück.

Reflexion

Reflektieren Sie nach einer Woche über Ihre Erfahrungen mit den Aufgaben mithilfe folgender Fragen:

- Wie hat es geklappt, die Aufgabe im Alltag einzusetzen? Wo war es einfach, wo war es schwer?
- Welche Veränderungen haben Sie bemerkt: an sich selbst? An anderen? An Teamabläufen?
- Wie wäre es, diese kleine Aufgabe noch länger durchzu-halten und in den Alltag einzubauen?
- Welche weitere Aufgabe würde Sie außerdem ansprechen? (Dann probieren Sie diese doch auch noch!)

Schritt 5: Aktiv werden

Die Fähigkeit, selbst die Initiative zu ergreifen oder einfach nur beharrlich eigene Ziele zu verfolgen, gilt als eine wichtige Kompetenz, um mit kleineren und größeren Veränderungsprozessen umgehen zu können. Hier schulen Sie sich darin!

Übung: Nur fünf Minuten

Die folgende Übung ist zum einen tägliche Selbstreflexion, zum anderen eine Art Erinnerungsstütze, beharrlich zu bleiben und die eigenen Pläne und Ziele täglich im Auge zu behalten. Nehmen Sie sich am Ende jedes Tages fünf Minuten Zeit, und beantworten Sie für sich folgende fünf Fragen:

- Was ist mein Ziel?
- Was habe ich heute dafür getan?
- Was hat funktioniert?
- Was hat nicht gut funktioniert?
- Was mache ich morgen (anders) für mein Ziel?

Machen Sie diese Übung nun jeden Tag. Sie können etwas schreiben, führen also eine Art Ziel-Monitoring-Tagebuch. Oder Sie belassen es beim Nachdenken und Reflektieren, wenn Sie abends oder tagsüber mal einen Moment Ruhe haben.

Wichtig: Die Fünf-Minuten-Reflexion täglich wirkt wie eine Art Anker. Dieser hilft Ihnen, besser mit Veränderungen, Ansprüchen, Widersprüchlichkeiten und Unklarheiten zurechtzukommen, die von außen an Sie herangetragen werden. Denn Sie konzentrieren sich in allem Chaos um Sie herum immer wieder auf Ihre eigenen Ziele – und setzen sich aktiv für diese ein.

Tipp: Sie können sich dabei auch unterstützen lassen. Für das Erreichen von Zielen und die tägliche Wiedervorlage gibt es mittlerweile Apps. Infos finden Sie zum Beispiel unter: https://goalify-app.com/

Schritt 6: Etwas Neues lernen

Sich im eigenen Fachbereich auf dem neuesten Stand zu halten oder sich auf neue Aufgaben vorzubereiten, kostet Zeit, Geld und Motivationsenergie. Fokussieren Sie sich deshalb auf die Lerneinheiten, die für Sie wirklich wichtig sind. Die Feedbackübung hilft Ihnen dabei.

Welche Fortbildung, Schulung oder sogar ausführliche Weiterbildung ist für Sie im kommenden Jahr dran? Diese Frage lässt sich am besten beantworten, indem Sie nicht nur sich selbst, sondern auch andere fragen. Lesen Sie die vier Optionen durch, und greifen Sie zwei davon auf.

1. Was Ihnen fehlt

Die meisten Menschen wissen selbst, welche Fortbildung oder Schulung für sie wichtig wäre, in welchen Bereichen sie eklatante Lücken haben, die sie sogar ein bisschen verstecken. Schreiben Sie eine Ihrer eigenen Lücken auf, und notieren Sie dahinter auch, welche Fortbildung Sie sich selbst verschreiben würden.

2. Was wichtig wird

Welche Weiterbildung oder Qualifikation brauchen Sie, um eines der Ziele zu erreichen, das Sie sich gesteckt haben? Blättern Sie für die Beantwortung der Frage auch noch mal zurück zu den Schritten 1 und 2, und überlegen Sie, welche Lernthemen für Sie mittelfristig anstehen.

3. Was das Team sagt

Suchen Sie einen Kollegen oder eine Kollegin aus, dem oder der Sie vertrauen, und fragen Sie die Person, welche Qualifikationen, Alltagsskills oder technischen Tools Ihnen fehlen.

4. Was die Chefs sagen

Fragen Sie die Teamleitung beim nächsten Feedbackgespräch oder beim »Zwischendurch-Gespräch« unter vier Augen: Welche Fortbildung wünschen sich Vorgesetzte von Ihnen?

Nennen Sie nun eine einzige Fortbildung, Schulung oder Weiterbildung, die für Sie wichtig wäre. Schreiben Sie einen ersten kleinen Schritt auf, um in diesem Bereich dazuzulernen. Ein Gespräch mit einer Kollegin zum Thema, ein Buch, ein kurzer Onlinekurs. Machen Sie diesen Schritt sofort!

Schritt 7:
Können und Ziele zeigen

Vielen Menschen ist es verhasst, sich selbst und ihre Fähigkeiten anzupreisen. Ganz wichtig: Sie müssen sich nicht produzieren wie die Schaumschläger und Selbstmarketing-Spezialisten, die Sie jetzt vielleicht als negative Beispiele vor Augen haben. Es geht lediglich darum, anderen im Job klar mitzuteilen, wofür Sie im Arbeitsleben stehen. Die beiden Übungen helfen dabei.

Übung 1: Wer-bin-ich-Spickzettel

Um anderen einen Eindruck von Ihnen zu vermitteln beziehungsweise im Betrieb oder im Team darauf hinzuweisen, welche Aufgaben Sie gerne übernehmen wollen und wofür Sie stehen, müssen Sie genau dies erst mal sich selbst klarmachen. Denn nur dann können Sie die wenigen Fakten klar und sachlich übermitteln. Dazu braucht es ein paar kleine Vorarbeiten. Die folgenden angefangenen Sätze helfen Ihnen bei der Orientierung. Vervollständigen Sie diese. Überlegen Sie dann in einem nächsten Schritt, welcher griffige Satz daraus resultieren könnte. Feilen Sie ruhig ein bisschen an diesem Satz, bis die Worte zu Ihnen und Ihrem Sprachstil passen, sich nicht hölzern, aufgesetzt oder prahlerisch anhören.

Ich bin ...

Ich kann ...

Ich will ...

Wichtig: Dieser Satz ist ein Spickzettel für unerwartete Situationen. Immer wenn im Job Veränderungen anstehen oder Sie mit neuen Ansprechpartnerinnen zu tun haben, erinnern Sie sich an diesen Satz und versuchen Sie, Ihrem Gegenüber dessen Inhalt zu übermitteln – und sei es nur bruchstückhaft. Man kann durchaus Sätze sagen wie »Ich kann sehr gut X und würde diese Fähigkeit nach der Umstrukturierung gern verstärkt einsetzen«. Oder: »Ich will X und kann mir deshalb vorstellen, im neuen Team diese Aufgabe zu übernehmen.« Ob es klappt, steht natürlich auf einem anderen Blatt. Wichtig ist aber: Wenn Sie nicht sagen, wer Sie sind und was Sie können und wollen, weiß das auch kein anderer in der Abteilung.

Übung 2: Verbündete suchen

Die Idee des Netzwerkens wird oft falsch verstanden. Es geht nicht darum, sich mit möglichst vielen zu vernetzen, um in der Abteilung oder im Konzern einen guten Stand zu haben. Viel wichtiger ist es, einige wenige gute und tragfähige Kontakte zu Menschen aufzubauen, mit denen man sich gut versteht, mit denen man Werte teilt und wo die Chemie stimmt. Eine Verbindung – lose und erst mal ohne jede Bitte oder Forderung – mit genau diesen Leuten in der Branche oder in der Firma zu pflegen, das ist Netzwerken. Diese Menschen sollten auch wissen, wer Sie sind und was Sie in Zukunft vorhaben, also den Satz von Ihrem Wer-bin-ich-Spickzettel in irgendeiner Weise kennen. Erstellen Sie hier nun eine Liste mit fünf Menschen, die für Sie als Netzwerkpartner passend sind, weil Werte und Wellenlänge stimmen. Orientieren Sie sich nicht an der vermeintlichen Wichtigkeit der Personen im Unternehmen, sondern wählen Sie nur nach Passung und Sympathie.

→

→

→

→

→

Pflegen Sie diese Kontakte, halten Sie sich gegenseitig auf dem Laufenden, versuchen Sie das Gegenüber zu verstehen, interessieren Sie sich für die Schritte und Pläne, die diese Person macht. Tun Sie das kontinuierlich. Wenn Sie glauben, das sei zu viel Arbeit, bedenken Sie: Sie brauchen ab jetzt nicht mehr mit allen und jedem zu netzwerken und immer wieder und ständig neue Kontakte zu knüpfen. Qualität geht eindeutig vor Quantität! Im Fall von Veränderungen und Umstrukturierungen können Sie dann fast immer auf wenigstens einen dieser vertrauensvollen Kontakte zurückgreifen.

> »Netzwerken ist eine Bereicherung, kein Anspruch.«
>
> *Susan Roane, Wirtschaftsautorin*

Schritt 8: Grenzen festlegen

Die Fähigkeit, Veränderungen im Job zu gestalten, schützt Sie vor Ohnmacht und Erschöpfung. Zu viel Selbstoptimierung ist aber kontraproduktiv. Legen Sie deshalb Ihre Grenzen in Sachen Flexibilität fest. Und überlegen Sie, welche Übung für Sie weiterhin wichtig sein könnte.

Übung: Prüfen, wo Schluss ist

Ob der Wandel von Jobstrukturen gelingt oder nicht, das liegt auch in der Verantwortung der Unternehmen. Überlegen Sie deshalb, wie Erneuerungsprozesse in Ihrem Unternehmen gehandhabt werden, was von Mitarbeitern verlangt wird – und ob die Ansprüche angemessen oder überzogen sind. Die folgende kurze Liste enthält Warnzeichen, die Ihnen signalisieren, dass Grenzen erreicht sein könnten. Trifft die Beschreibung auf Ihr Team, Ihre Abteilung, Ihr Unternehmen zu? Kreuzen Sie »Ja« oder »Nein« an:

Ja Nein ☐ ☐

Der Ausnahmezustand ist Normalzustand: Ein Umstrukturierungsprozess folgt nahtlos dem anderen; die Aufforderung zur Neuorientierung und Mehrarbeit besteht schon mehr als ein Jahr permanent; Hektik und Unsicherheit sind ein Dauerzustand.

☐ ☐

Entgrenztes Arbeiten: Die Erreichbarkeit etwa durch Mails wird rund um die Uhr verlangt; Ruhezeiten wie Wochenenden werden andauernd missachtet oder bestehen gar nicht mehr; von Mitarbeitern – nicht nur von Führungskräften – werden permanenter Höchsteinsatz und unzählige Überstunden erwartet.

☐ ☐

Intransparenz von Firmenseite: Büroumzüge von heute auf morgen; die Entwicklung des Hauses ist unklar; Lohn- und Bonuszahlungen wer-

Ja Nein

den ohne Begründung eingestellt; Changeprozesse verlaufen chaotisch und ohne Orientierung; auffällig viele Kollegen sind erkrankt oder haben Burn-out-Symptome.

Haben Sie sich in einer der Beschreibungen wiedergefunden und »Ja« angekreuzt?

Dann wäre der erste Schritt, mit Ihrer Chefin oder Ihrem Chef zu sprechen und sich dort deutlich abgrenzen. Verteidigen Sie Ihre Grenzen, suchen Sie gute Argumente, und finden Sie Verbündete. Wenn Sie solche Versuche bereits erfolglos unternommen haben, könnten Sie sich überlegen, ob es lohnt, einen Plan B zu entwickeln – also sich umzuorientieren und eine neue Arbeitsstelle zu suchen. Auch Sie selbst dürfen sich schließlich verändern!

Tipp: Wer nur selten Kritik äußert und auch nur im Notfall die eigenen Grenzen deutlich macht, kann sich meist darauf verlassen, bei Vorgesetzten auch Gehör zu finden. Falls all das nicht der Fall ist, ist das ein schlechtes Zeichen!

Reflexion

Besinnen Sie sich nun zum Abschluss noch mal auf Ihre persönliche Veränderungskompetenz: Egal, ob die eigene Firma ein Ausbeuterverein oder fair ist, es lohnt sich in jedem Fall, die eigenen Schlüsselkompetenzen im Umgang mit Neuland und Wandel auch weiterhin zu trainieren. Reflektieren Sie deshalb, welche der Übungen und Anregungen für Sie hilfreich waren und sind. In der Checkliste finden Sie alle Schritte und Übungen, die Sie in diesem Coaching kennengelernt haben. Suchen Sie sich einen der Punkte aus, den Sie noch eine Weile weiterführen wollen.

Sie haben hier gelernt ...
... zu differenzieren, welche Ihrer Fähigkeiten und Tätigkeiten zukunftsfähig sind und welche irgendwann automatisiert sein werden.

... sich über die Entwicklung in der Arbeitswelt zu informieren und so Chancen und Risiken besser einschätzen zu können.

... Ziele für sich selbst zu erkennen – durch die Imagination mit der Fünf-Jahre-Übung.

... Ziele für sich selbst zu stecken – privat und beruflich, kurz-, mittel- und langfristig.

... aktiv zu werden und zu bleiben durch die Fünf-Minuten-Übung.

... Schlüsselkompetenzen wie Offenheit und Selbstmanagement zu stärken, den Arbeitsalltag als Ihren Trainingsplatz zu betrachten.

... Akzeptanz durch die Übung »Ich bin mein eigener Forscher« zu finden.

... Zuversicht durch die Übung »Eine Krise, die ich gemeistert habe« aufzubauen.

... Netzwerke und gute Kontakte zu pflegen.

... zu erkennen, wofür Sie im Beruf stehen, und das auch zu kommunizieren.

... sich klarzumachen, welche Schulungen oder Weiterbildungen jetzt anstehen.

... Grenzen der Flexibilität zu erkennen, zu benennen und eventuell Konsequenzen zu ziehen.

Haben Sie eine der Anregungen ausgesucht, die Sie über das Coaching hinaus verfolgen wollen? Schreiben Sie diese auf. Und legen Sie nun auch fest, bis wann Sie diese weiterführen wollen.

Datum: _____

Tipp: Haben Sie die Fünf-Minuten-Übung aus Schritt 5 eigentlich über die Zeit des Coachings weitergeführt? Falls ja, reflektieren Sie kurz, was sich während der vergangenen Tage und Wochen verändert hat. Falls nicht, wäre es ein Tipp, sich besonders diese Übung noch mal anzuschauen und eventuell aufzugreifen. Ihre Wirkung ist enorm.

EMPFEHLUNGEN ZUM WEITERLESEN

Hans-Georg Willmann: *Das Holiday-Prinzip. Eine Reise zu deinen persönlichen Zielen,* Offenbach: Gabal, 2021.
Ziele zu erreichen muss keine riesige Kraftanstrengung sein. In seinem neuen Buch vermittelt der Psychologe Hans-Georg Willmann einen spielerischen Ansatz zur Selbstmotivation und Selbstorganisation – indem er das Planen und Realisieren von Zielen als eine Reise gestaltet, die man in einer gelassenen, zuversichtlichen Stimmung antritt. Für alle, die sich noch mehr mit ihren beruflichen und privaten Zielen beschäftigen wollen.

Norbert Lotz: *Metaphern in der Akzeptanz- und Commitmenttherapie,* Weinheim: Beltz, 2016.
Das eigene Leben betrachten wie ein Forscher. Sich selbst als Baum mit kräftigen Wurzeln wahrnehmen. Angst und Traurigkeit als Treibsand sehen, in dem man nur versinkt, wenn man sich vehement dagegen wehrt. Die Akzeptanz- und Commitmenttherapie bietet zahlreiche bildliche Vergleiche an, die dabei helfen, auch in Krisensituationen gelassen zu bleiben und sich in Sorgen nicht zu sehr hineinzusteigern. In diesem Fachbuch des Verhaltenstherapeuten Norbert Lotz sind zahlreiche dieser Metaphern gesammelt. Passend für alle, die über Bilder die Welt begreifen.

Axel Koch: *Change mich am Arsch. Wie Unternehmen ihre Mitarbeiter und sich selbst kaputtverändern,* Berlin: Econ, 2017.

In seinem reportartigen Sachbuch gibt der Wirtschaftspsychologe Axel Koch Einblicke in die Praxis der Umstrukturierung in verschiedenen hiesigen Unternehmen – und was dabei schiefläuft. Er kritisiert etwa eine unzureichende Kommunikation der Veränderungsprozesse. Ein unterhaltsam geschriebenes Buch für alle, die Changeprozesse im eigenen Unternehmen kritisch sehen, aber einen Weg finden wollen, mit diesen gut umzugehen.

Brené Brown: *Laufen lernt man nur durch Hinfallen. Wie wir zu echter innerer Stärke finden,* München: Kailash, 2016.

Immer wieder erleben wir in der Arbeitswelt Krisen, Dinge misslingen, Pläne zerschlagen sich. Die Psychologin Brené Brown beschäftigt sich mit der Frage, wie Menschen lernen können, diese Krisensituationen als etwas anzunehmen, das zum Leben gehört, und sich nicht zu hart zu verurteilen. Eine Empfehlung für alle, die mit Neuerungen hadern, Enttäuschungen schwer verwinden können oder denen Akzeptanz schwerfällt.

ANHANG

Beratende Expertinnen und Experten für Selbsttests und Trainings

Kapitel 1

Selbsttest und Training: Madeleine Leitner ist Diplom-Psychologin und hat als Therapeutin, als Gutachterin bei Gericht und als Personalberaterin für große Konzerne gearbeitet. Heute ist sie selbstständige Karriereberaterin in München.

Kapitel 2

Selbsttest und Training: Petra Bock ist Coach, Ausbilderin von Coachs und Beraterin in Politik und Wirtschaft. Die Politikwissenschaftlerin lebt und arbeitet in Berlin und hat zahlreiche Bücher geschrieben, etwa: *Der entstörte Mensch. Wie wir uns und die Welt verändern*, München: Droemer, 2020.

Kapitel 3

Selbsttest und Training: Hans-Georg Willmann, Psychologe und Coach, ist auf die Themen Willenskraft, Ziele erreichen und Umgang mit Veränderung spezialisiert. Mit seinem Buch *Arbeitsmarktfitness. 30 Minuten* (Offenbach: Gabal Verlag, 2020) kann man Kompetenzen trainieren, um sich in einer digitalisierten Arbeitswelt stimmig weiterzuentwickeln.

ÜBER DIE AUTORINNEN DER CHECKS UND COACHINGS

Anne Otto, Diplom-Psychologin und Journalistin, war nach dem Studium zunächst einige Jahre als Psychologin tätig und arbeitet heute als Autorin mit Schwerpunkt auf Psychologie- und Wissenschaftsthemen. Sie schreibt außerdem Sachbücher. Für SPIEGEL WISSEN und SPIEGEL COACHING konzipiert sie unter anderem Checklisten und Coachings.

Marianne Wellershoff hat ein Studium der Psychologie abgeschlossen, besuchte die Henri-Nannen-Schule, hat mehrere Bücher geschrieben und arbeitet als Autorin beim SPIEGEL. Sie ist Blattmacherin der Magazine SPIEGEL WISSEN und SPIEGEL COACHING und Herausgeberin der Buchreihe »Mein Coaching«.

MV, 15. August 2022